今日からモノ知りシリーズ

トコトンやさしい

プラスチック材料の本

金属素材と比べると、歴史は浅いですが、いまではあらゆる分野で使われるようになっており、われわれが日常生活を営むうえで、欠かすことのできない存在になっています。

高野菊雄

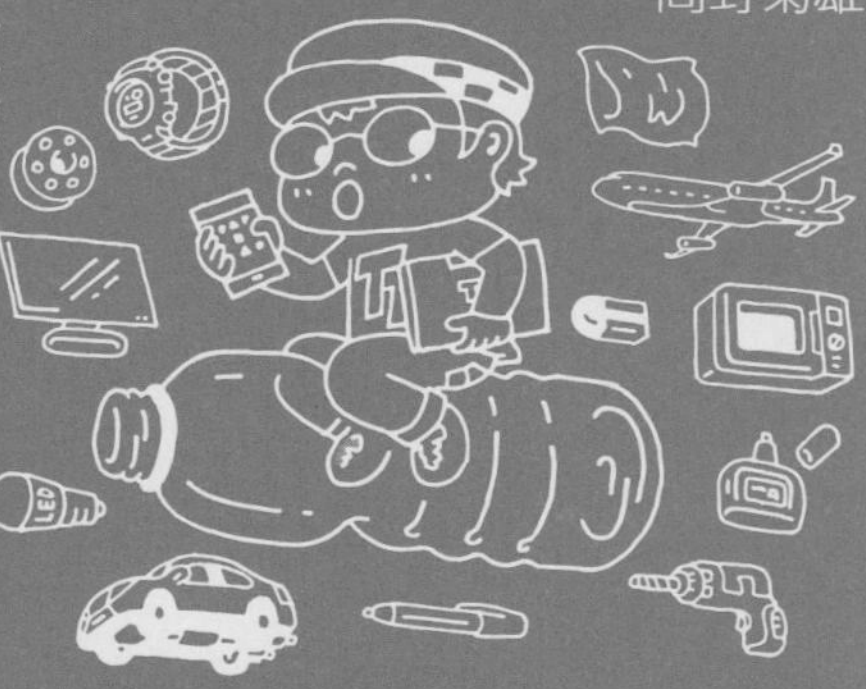

B&Tブックス
日刊工業新聞社

はじめに

　プラスチックと樹脂が同じ意味の言葉として使われることがありますが、JISの定義によると、プラスチックは高分子物質で成形加工された成形品のことであり、樹脂はその原料です。

　プラスチックの起源は、綿花からとれるリンターや木材からつくられるパルプなどの天然の繊維素と硝酸によってつくられる硝酸繊維素（ニトロセルロース）と可塑剤としての樟脳とを捏和・圧延してつくられるセルロイドであり、人工的合成樹脂としては、フェノールから松脂に似た外観をしているフェノール樹脂がつくられたのが始まりです。2007年はフェノール樹脂が発明されてから100年という記念すべき年であり、汎用プラスチックのメタクリル樹脂・ポリスチレン・塩化ビニル樹脂が日本で工業化されてから70数年、汎用エンジニアリングプラスチックのポリアセタールコポリマーが国産化されてから40数年が経過していますが、師と仰ぐ金属材料と比較するとその歴史は極めて短いものです。化学の進歩やマーケットニーズに対応するための努力によって、多様な特性を有するさまざまな樹脂が開発され、従来の金属や木材でつくられていた部品や製品がプラスチック化されて日常生活がより豊かになり、もはやプラスチックなしでは日用雑貨品から工業用部品に至るまでつくれないような必要不可欠の材料として進化を遂げてきました。しかしその反面、廃棄物の増大・廃棄物処理の問題・公害の発生などにも大きく関わっていることを理解し、後世にこれらの負の遺産を残さない技術開発や関わり方に努めなければなりません。

　成形品の品質は、①要求性能を満足する樹脂・グレードの選定、②材料力学的および成形加工を考慮した成形品形状設計、③金型設計、④射出成形・押出成形のような一次成形技術、⑤二次加工技術、⑥評価技術の総合力によって決まるものですから、安定した高品質・高信頼性のモノづくりのためには、企画段階からこれらが駆使される総合力の発揮が必須となります。

要求性能を満足する１００点満点の樹脂・グレードはないと考えなければなりません。長所の裏には短所があるのが通例です。例えば、プラスチックは電気絶縁性に優れていますが、この反面静電気が発生しやすく、静電気に基づく不都合が発生することがあります。このような場合には導電性のグレードを選定しなければならないことになりますし、熱絶縁性のよいプラスチックは調理器具のハンドルなどに有用な材料ですが熱伝導率が小さいことによって、小さい電気機器では内部発熱による内部温度の上昇が問題になり、熱伝導のよいグレードの選定や通風のよい形状設計が必要となることがあります。樹脂・グレードの長所・短所を理解し、短所を回避して製品寿命が満足できるかどうかの判断によって、数多くある樹脂・グレードの中から最適と考えられる材料の選定をしなければならないことになります。特に製品寿命の長いものでは長期耐久性の予測技術が重要になりますので、それらに関わるデータによる推測やこれまでの実績が重視されなければなりません。例えば、自動車の設計寿命は10年ですし、ポリエチレン製の上水道パイプやＩＳＯで設計応力の規定があるポリエチレン製ガスパイプでは50年ですが、自動車部品は車検や定期点検による安全確認やメンテナンスおよび部品交換による対応が可能です。地下埋設されるインフラとか橋梁・道路などのメンテナンスや更新は、欧州などの石造りの建造物は例外としても、いかなる素材でも無視できない重要な問題であって対策を忘れてはなりません。

２０１５年１月

著者

トコトンやさしい

プラスチック材料の本

目次

目次 CONTENTS

第1章 プラスチック材料の基礎

第2章 加熱と冷却で流動・固化を繰りかえす熱可塑性プラスチック

第3章 一度硬化すると二度と溶融しない熱硬化性プラスチック

第4章 汎用プラ・エンプラには入らない有用なプラスチック

第5章 プラスチックの成形加工法

第6章 生活を豊かにするプラスチック

第7章 プラスチックの環境・安全問題

第1章

プラスチック材料の基礎

1 プラスチック材料とは

プラスチックと樹脂の定義

英語の辞書を見るとプラスチックは、「自由な形に作ることができる」とか「圧力をかけると形が変わるという可塑性のある物質」などと書かれていますが、JIS-6900では、「高分子物質を主原料として人工的に有用な形状に形作られた固体である」と定義しています。すなわち、一般的にはプラスチック（Plastic）と合成樹脂（Synthetic Resin）が同じ意味の言葉のように使われていますが、定義的には「樹脂」は原料であり、「プラスチック」は成形品を指しているのです。

高分子物質とは、一般的に分子量が1万以上ある物質のことですが、高分子物質の天然素材としては、木綿や麻のような植物繊維とか絹や毛糸のような動物繊維があります。ゴムの木から採取される天然ゴムも高分子物質です。水やメチルアルコール、エチルアルコールとか石油を原料とするナフサやエチレンなどは低分子物質ですが、例えばエチレンを鎖の1つの輪（モノマー）として、これを鎖のようにつなぎ合わせると人工的に合成された高分子物質（ポリマー）のポリエチレンとなります。分子量が大きくなるにつれ、気体から液体、固体へと形態が変化し、分子量と共に力学的性質・耐熱性・電気的性質などが向上して、日常生活に不可欠な高分子量の材料となります。

工業生産された最初のプラスチックは、1870年につくられたセルロイドで、綿花からのリンターや木材からのパルプを原料としての硝酸繊維素と可塑剤としての樟脳とを捏和・圧延してつくられ、射出成形などのような熱で溶融しての成形はできません。工業生産された最初の人工の合成樹脂は1909年に米国でつくられたフェノール樹脂です。重合された高分子物質の外観が松脂に似ていたため、樹脂と命名されたと言われています。フェノール樹脂は熱で三次元的に硬化する熱硬化性樹脂ですが、加熱で溶融し、冷却で固化して射出成形などの熱溶融成形される最初の熱可塑性樹脂はメタクリル樹脂です。

要点BOX

- ●プラスチックは成形品で、樹脂はその材料
- ●最初のプラスチックはセルロイドで、合成された最初の樹脂はフェノール樹脂

樹脂とプラスチックの意味

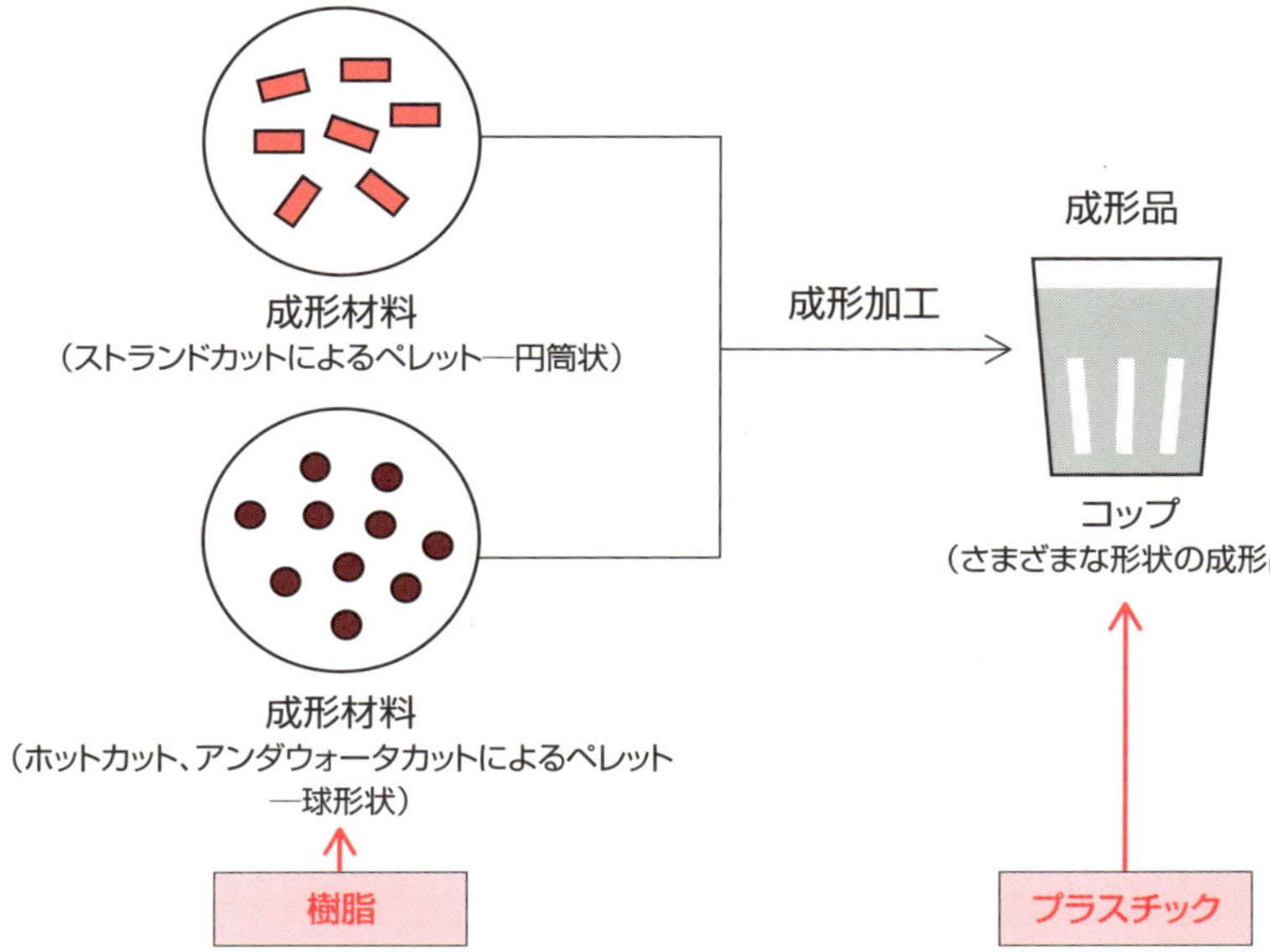

高分子物質とは

[1] 人工的に合成される高分子物質

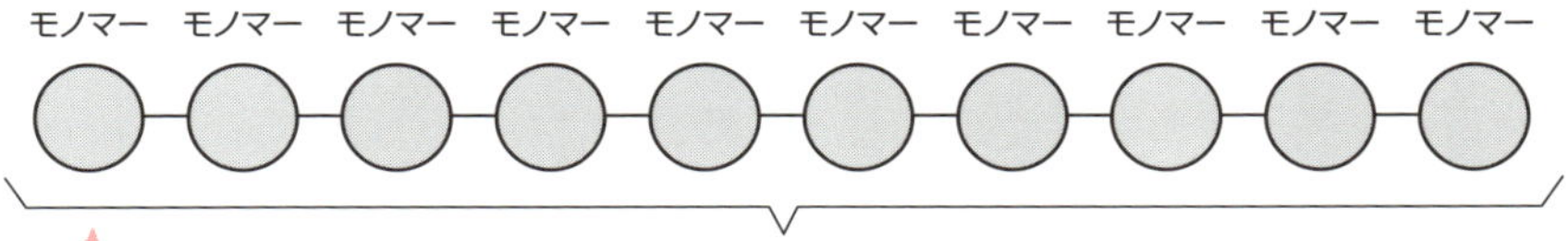

金属の輪がつながって
鎖になるのに似ています

※ モノマーが連結（結合）しているものがポリマー（高分子物質）

※ モノマーが連結している数が重合度

分子量28のエチレンが1,000個つながっているポリエチレン（重合度1,000）の分子量は28×1,000=28,000で高分子物質となります。

※ 原子量12の炭素2個と原子量1の水素4個のエチレンモノマーの分子量は12×2+1×=28です。

[2] 天然の高分子物質の例

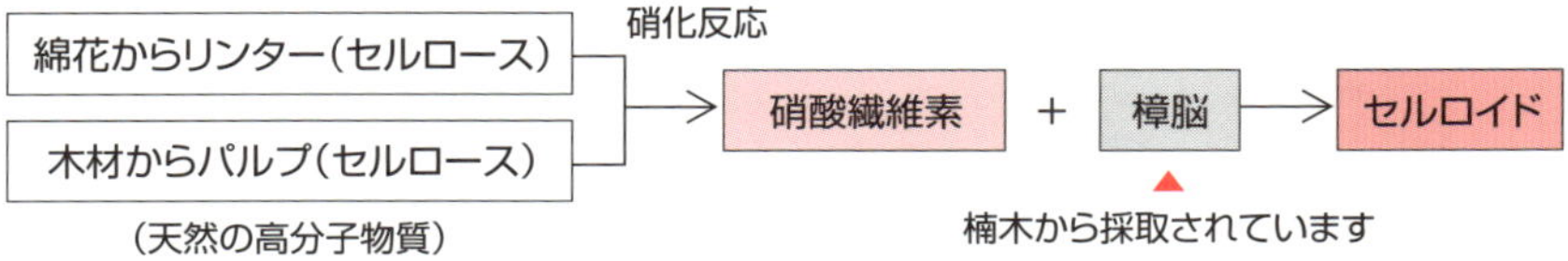

2 材料変遷の歴史

天然素材から合成樹脂への進化

材料や素材には、金属系、高分子系、無機系（セラミックス系）があります。古代では身近にあってすぐ手に入る獣皮・木材・竹・藁・植物繊維（綿や麻など）・動物繊維（羊毛や絹糸など）・生ゴムなどのような高分子系および石・素焼き用の粘土・動物の骨・象牙などのような無機系の自然界からの素材が、生活を支えるほとんどの日用雑貨品ならびに衣料や狩猟とか戦闘用武器に使用されていました。金属系では金が重要な装身具材料として珍重されていましたが、銅や鉄の発見と利用は素材革命を起こし、自然界からの天然素材は衰退し、長く金属系素材の全盛期が続きました。主役の座にあった鉄鋼のウエートは、新しい素材としての合成樹脂の出現と進歩や産業界の重厚長大型から軽薄短小型への転換の潮流もあり、次第に重要度のウエートが低下し、合成樹脂の生産量は図のような右肩上がりの成長が続き、比重換算で鉄鋼の生産量に匹敵するまでに成長しました。

これまでの材料転換の動機や目的は、軽量化・生産性向上・コストダウン・環境対応などで、次のような材料転換の歴史があります。

①天然素材から人工素材への転換では、ビリヤード玉の象牙からセルロイド、絹と同じ風合いのポリアミド繊維（ナイロン繊維）、天然ゴム代替としての合成ゴム、飛行機の風防ガラスのメタクリル樹脂、木材代替のガラス繊維強化熱硬化性樹脂製品（ＦＲＰ）や発泡プラスチック製品
②金属製品のプラスチック化や重厚長大型から軽薄短小型への転換素材としての合成樹脂
③合成樹脂同士でも、性能を満足する低価格合成樹脂への変更
④環境や安全性法規制対応のための材料変更
⑤新しい重合触媒の開発やポリマーアロイ技術の進化に基づく高性能や高機能の新素材への転換
⑥グローバル化による国内産から現地材への変更

要点BOX

- ●ニーズによる新しい素材の開発と素材の転換が生活を豊かにする
- ●新しい素材は文明開化の担い手

各種材料の変遷の歴史

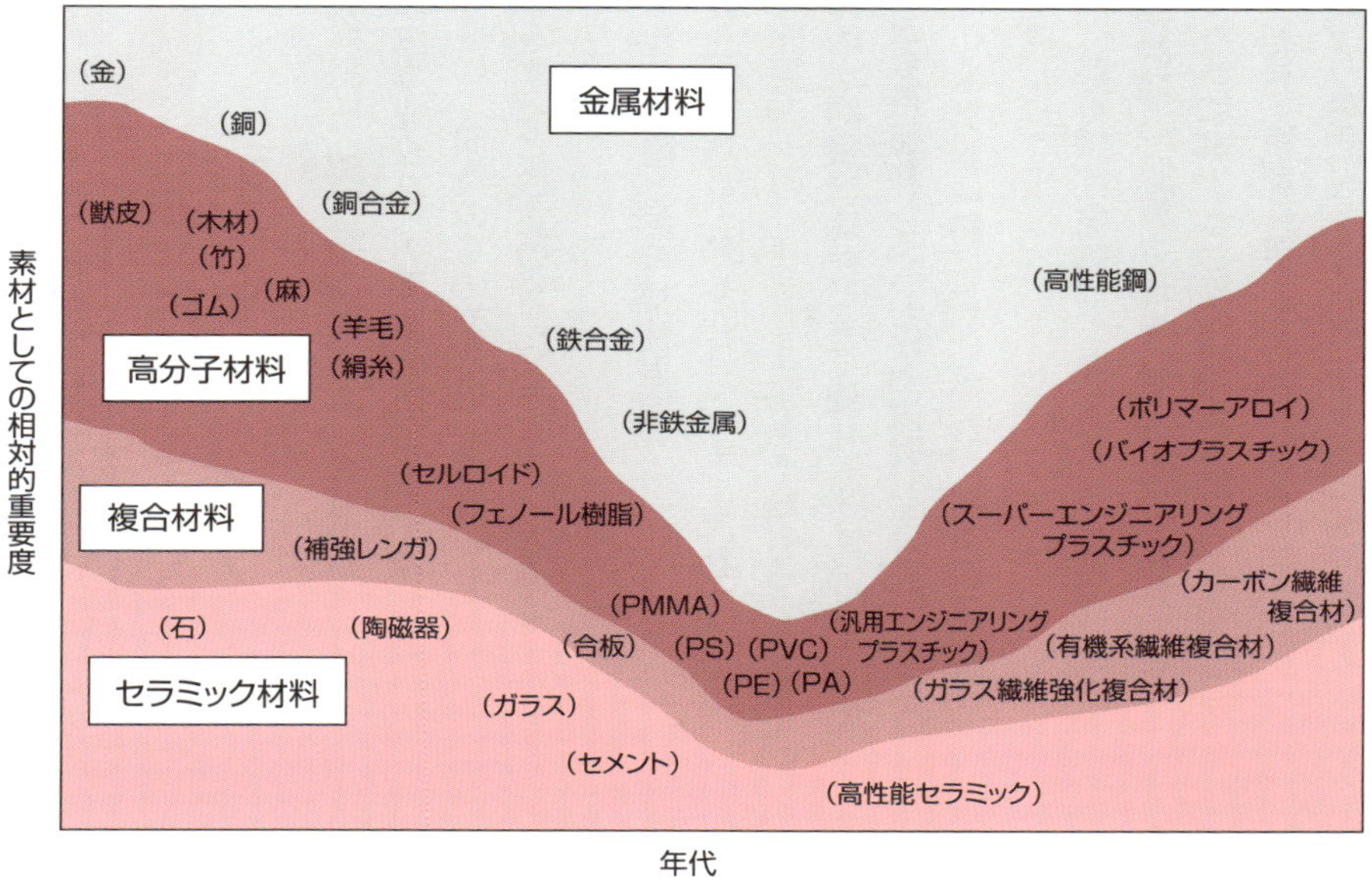

合成樹脂生産量の推移

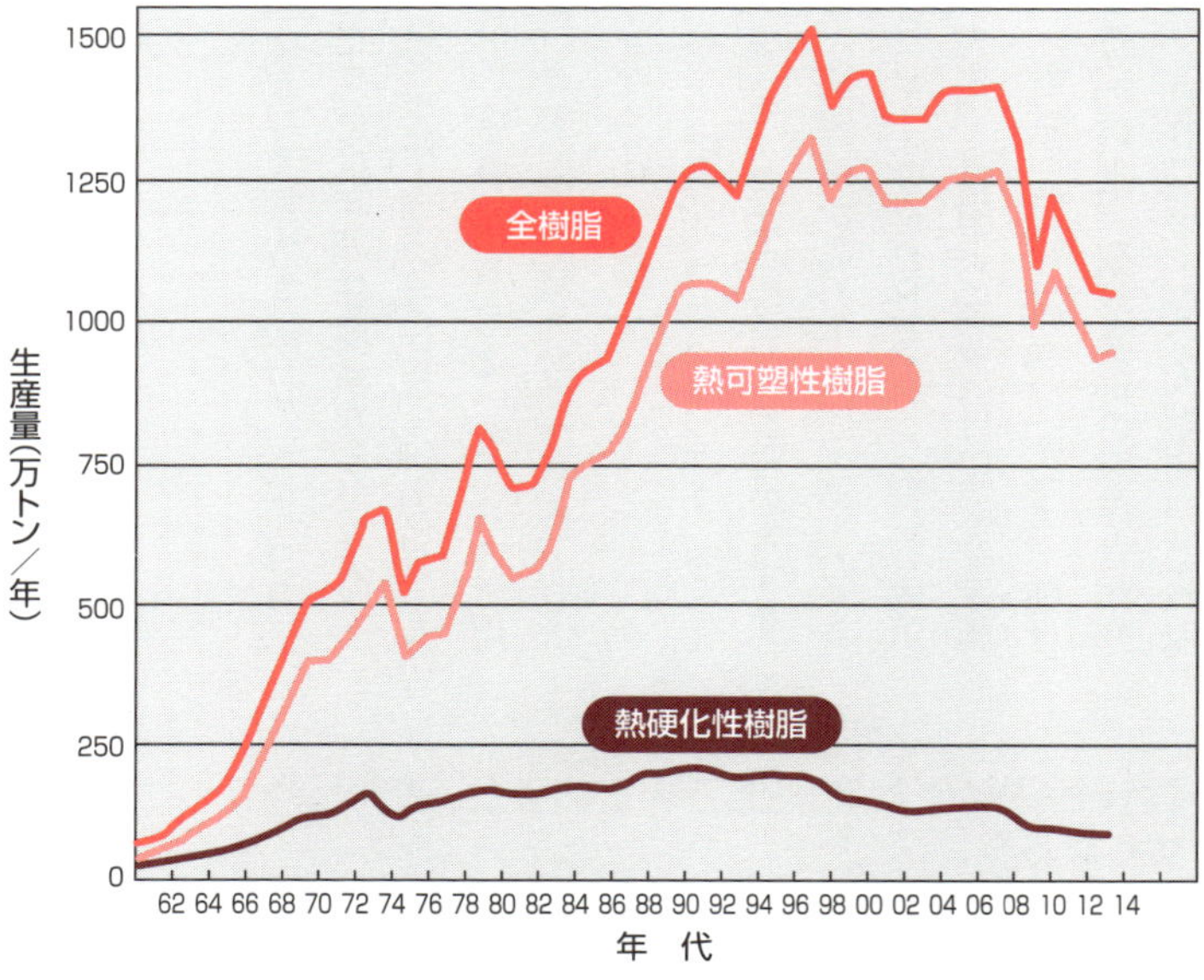

3 合成樹脂の種類と分類

似たもの同士での群分け

合成樹脂は、表に示すように多くのものがあります。企画段階で成形品への要求性能に従って樹脂を選定するときに、同質のものや共通的性質のもの同士で群分けをすると選定の役に立ちます。次のような分類があります。

①熱硬化性樹脂と熱可塑性樹脂

熱硬化性樹脂は、熱をかけるとまず流動するので、金型で形をつくり、そのまま加熱を続けると次第に三次元的な網目構造ができて硬化します。これを冷却してから再加熱してももはや流動しません。このため熱硬化性樹脂は熱によって変形が起る温度が高くなります。

一方、熱可塑性樹脂は、熱をかけると軟化し流動し始めるので、金型で形をつくってから冷却します。これを再び加熱するとまた軟化・流動します。このように加熱・冷却に対して可逆性があります。

②汎用プラスチックとエンジニアリングプラスチック

生産量が右肩上がりで増大を続けていた1997年までは、年代によっては年間生産量が200万トン以上あったPE・PSグループ（GPPS・HIPS・ABS樹脂・ASなど）・PP・PVCを一般に4大汎用プラスチックと言います。PMMAおよびPETも汎用プラスチックのグループの一員です。

工業用部品に主として使用されるプラスチックをエンジニアリングプラスチック（エンプラ）と言いますが、当時年間生産量・需要量が数万トン以上あったPA・PC・POM・PBT・変性PPEを、一般に5大汎用エンプラと言います。汎用エンプラには正式な定義はありませんが、一般に引張強さが49Mpa以上、曲げ弾性率が2.35GPa以上、耐熱変形の温度と耐熱劣化の温度が共に100℃以上としています。これ以上の高性能な樹脂はスーパエンプラと言います。その他の樹脂としては、フッ素樹脂・熱可塑性エラストマー・バイオプラスチックなどがあります。

要点BOX

●性質が同じ似た者同士でまとめると、理解しやすくなる
●熱で硬化するか、溶融するかによる分類

合成樹脂の種類

- 熱硬化性樹脂
  - フェノール樹脂(PF)
  - ユリア樹脂(UF)
  - メラミン樹脂(MF)
  - エポキシ樹脂(EP)
  - 不飽和ポリエステル樹脂(UP)
  - ポリウレタン(PU)
  - ジアリルフタレート樹脂(PDAP)
  - シリコーン樹脂(SI)
  - アルキド樹脂
- 熱可塑性樹脂
  - 汎用プラスチック
    - ポリエチレン(PE)
    - ポリスチレン(PS)
    - AS樹脂(ASもしくはSAN)
    - ABS樹脂(ABS)
    - ポリプロピレン(PP)
    - 塩化ビニル樹脂(PVC)
    - メタクリル樹脂(PMMA)
    - ポリエチレンテレフタレート(PET)
  - 汎用エンジニアリングプラスチック
    - ポリアミド(PA)
    - ポリカーボネート(PC)
    - ポリアセタール(POM)
    - 変性ポリフェニレンエーテル(m-PPE)
    - ポリブチレンテレフタレート(PBT)
  - スーパーエンジニアリングプラスチック
    - ポリフェニレンスルフィド(PPS)
    - ポリアリレート(PAR)
    - ポリサルホン(PSU)
    - ポリエーテルサルホン(PES)
    - ポリエーテルエーテルケトン(PEEK)
    - ポリエーテルイミド(PEI)
    - ポリアミドイミド(PAI)
    - 液晶ポリマー(LCP)
    - ポリイミド(PI)
  - その他の樹脂
    - フッ素樹脂
    - 熱可塑性エラストマー
    - ポリメチルペンテン(PMP)
    - 生分解性プラスチック(バイオプラスチック)
    - 繊維素系プラスチック

熱硬化性樹脂と熱可塑性樹脂の耐熱性のイメージ

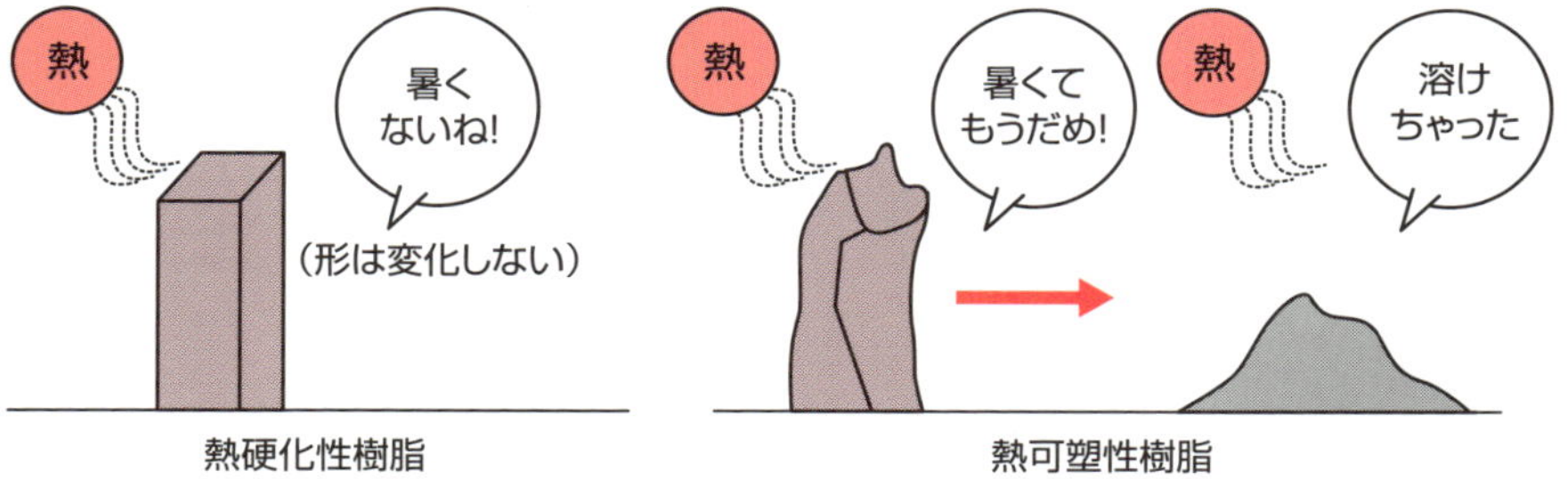

需要量(生産量)と樹脂の価格との関係

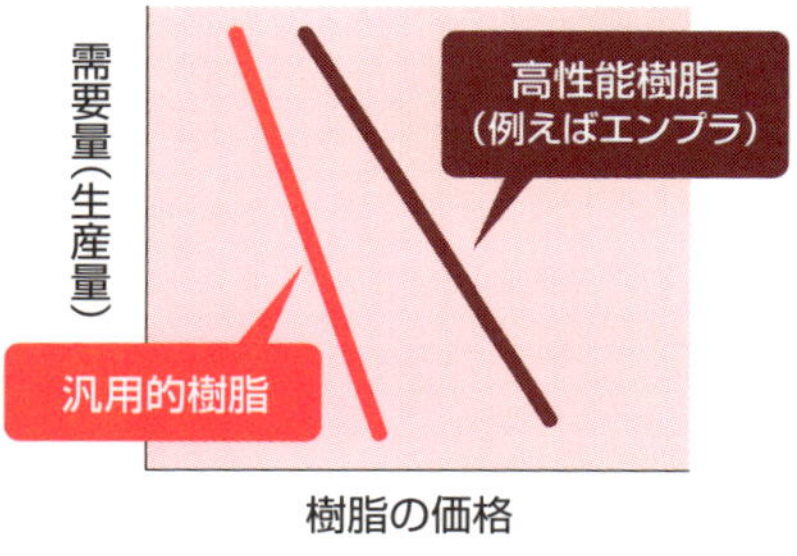

大量生産される樹脂の価格は安くなります。

※需要量(生産量)と価格の関係は、1本の線とはならずに樹脂の性質によって層別されます。
(両者の関係は両対数グラフで直線的な傾向)

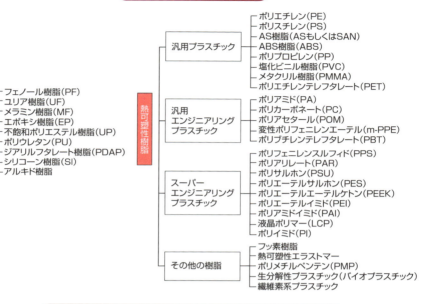

4 結晶性合成樹脂と非結晶性合成樹脂

性質に影響を与える結晶構造

熱可塑性合成樹脂には、図に示すように高分子の鎖がランダムな状態になっている非結晶性合成樹脂（無定形合成樹脂）と、長い鎖の一部に規則正しい配列をしている結晶構造組織を有する結晶性合成樹脂があります。結晶性合成樹脂と言っても１００％結晶構造ではありません。全体の組織の中に占める結晶構造組織の比率を結晶化度と言います。結晶性合成樹脂としては、ＰＥ・ＰＰ・ＰＥＴ・ＰＡ・ＰＯＭ・ＰＢＴ・ＰＰＳ・ＰＥＥＫ・ＬＣＰ・フッ素樹脂・ＰＭＰ・生分解性プラスチックのポリ乳酸やポリブチレンサクシネートがあります。結晶構造組織の有無により共通した性質があります。

①結晶性合成樹脂は、結晶組織部の比容積が非結晶組織部の比容積より小さいため、成形収縮率が大きくなります。これにより結晶性合成樹脂を射出成形するには高度な精密成形技術が必要です。

②非結晶性合成樹脂は、有機溶剤によって膨潤・溶解しやすくなり、応力と薬品の共存によってクラックが発生するソルベントクラック現象（環境応力亀裂とも言います）を起こします。しかしこの耐有機溶剤性は、非結晶性合成樹脂が印刷・接着・塗装などでの密着性に関して結晶性合成樹脂より優れている理由になっています。

③非結晶性合成樹脂は原則的に透明です。しかし光が乱反射する添加物が入っているグレードでは不透明となります。結晶性合成樹脂は、結晶構造のところで光が乱反射して不透明ですが、急速冷却などにより透明化が可能な樹脂があります。

④紫外線劣化による耐候性は、紫外線エネルギーとポリマーの結合エネルギーとの相対関係で決まりますが、一般的によく使用されるＰＥ・ＰＰ・ＰＯＭのような結晶性合成樹脂は、紫外線劣化しやすく、ＰＭＭＡ・ＰＣのような非結晶性合成樹脂は、耐紫外線性が良好です。

要点BOX

- 結晶組織の有無によって、さまざまな性質に差異が現れる
- 結晶化度の大小によって、性質が影響を受ける

結晶性と非結晶性の微細構造

結晶性樹脂の結晶部と非結晶部の比容積の差異の例

	結晶部	非結晶部
PP	1.07cm^3/g	1.18cm^3/g
POM	0.66	0.80

結晶性合成樹脂と非結晶性合成樹脂の接着力の差異

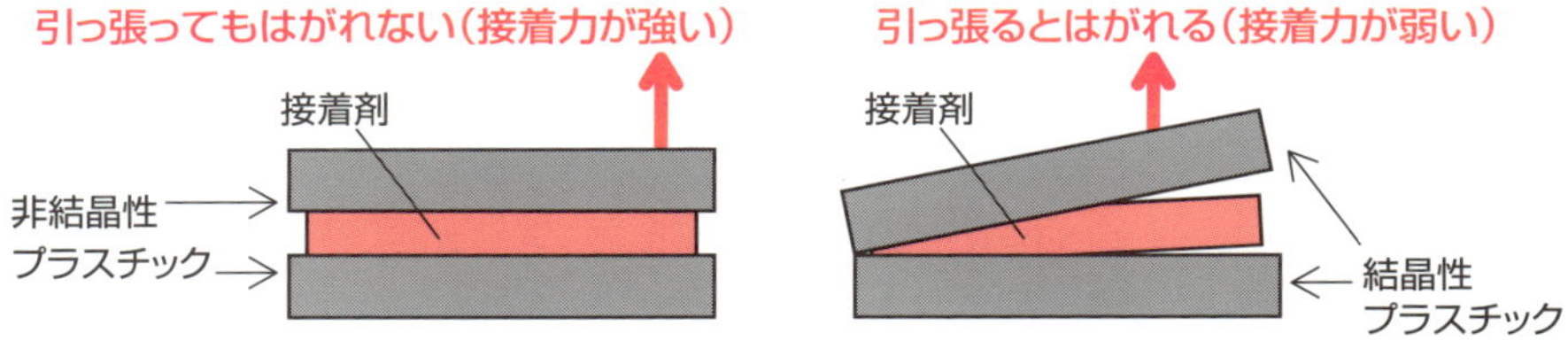

非結晶性プラスチックの光の透過

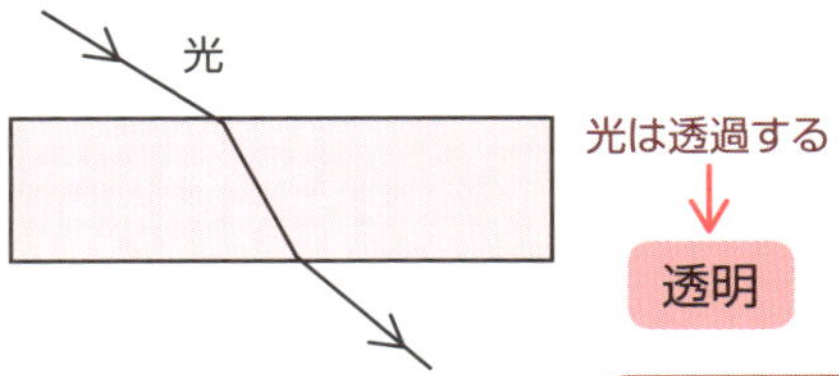

結晶性プラスチックの光の乱反射

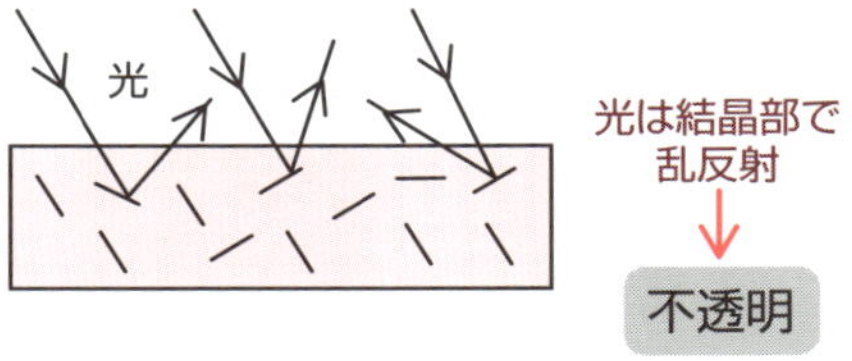

紫外線による劣化

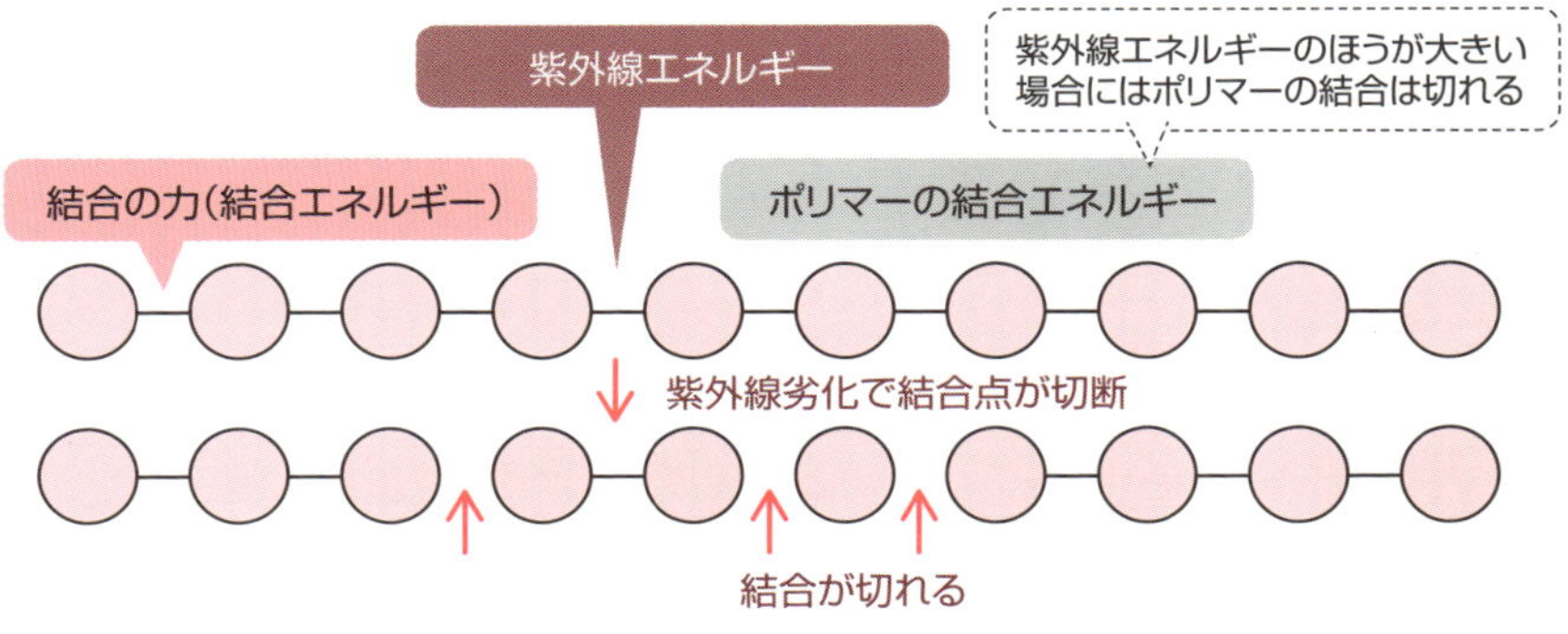

5 合成樹脂の見分け方

法規による表示と分析鑑定技術

日常的に使用しているプラスチック製品や工業用部品が、どの合成樹脂（プラスチック材料）でつくられているのかとか、どのような性質や特徴が活用されているのかと興味を持つことは、プラスチック材料の知識を豊富にするための方法として有用であり、不可欠の手法です。またリサイクルやプラスチックを廃棄するときには正確に分別しなければならないので、このためにも合成樹脂名を知ることは必要です。合成樹脂の見分け方には次のような方法があります。

①ボトルには１９８８年に米国のプラスチック工業会が推奨した図の３本の矢によるリサイクルマークのうちＰＥＴのマークが容器包装リサイクル法で表示することになっている。一般的な包装・容器材料では図の２本の矢による４角形のマークが樹脂名とともにつけられている。

②家庭用品品質表示法により、台所用品や浴室用品などには、合成樹脂名・耐熱温度・使用上の注意などが書かれています。

③工業用部品やコンビニエンスストアの食品包装容器などには、使用している樹脂名がマーキングされています。複合グレードでは強化材・充填材の種類とその添加量が分かるようにもしています。

④化学物質は、赤外分光分析法により、化学構造に基づく固有の吸収チャート（ＩＲチャート）を示すので、公表されている合成樹脂名が既知のＩＲチャートと比較して供試樹脂の種類を判定することができます。

⑤簡便法として、燃焼による焔の状況（青白い炎かオレンジ色の炎で黒煙をあげるなどや自己消火性など）と消火後のそれぞれ特有の臭いによって判別できる合成樹脂もあります。

例えば、青白い炎で燃えるものには消火後の臭いが、ローソクを燃やしたときの臭いのＰＥ、石油系の特有の臭いのＰＰ、ホルマリン臭のＰＯＭがあります。またポリアミドは爪を燃やしたような臭いがします。

要点BOX

- ●リサイクルに必要な樹脂の見分け方
- ●プラスチックの正しい知識を豊富にするために不可欠なプラスチックの見分け方

一般的プラスチック包装材のリサイクルマークと合成樹脂名の表示

(a)ボトルのリサイクルマークと合成樹脂の種類

[例]
個装　PP
外装　PP
トレー　PS

(b)菓子包装材のリサイクルマークの例

家庭用品品質表示法

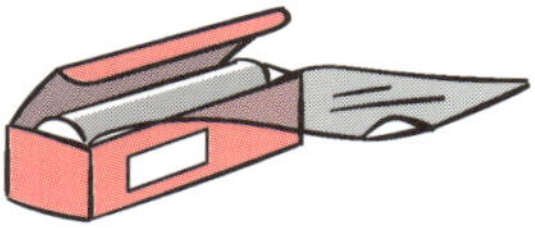

ラップフィルムの箱

マーキングによる樹脂の種類

蓋：PS
本体：PP-T

コンビニエンスストアーの
弁当容器の例

高密度ポリエチレンのIRチャート

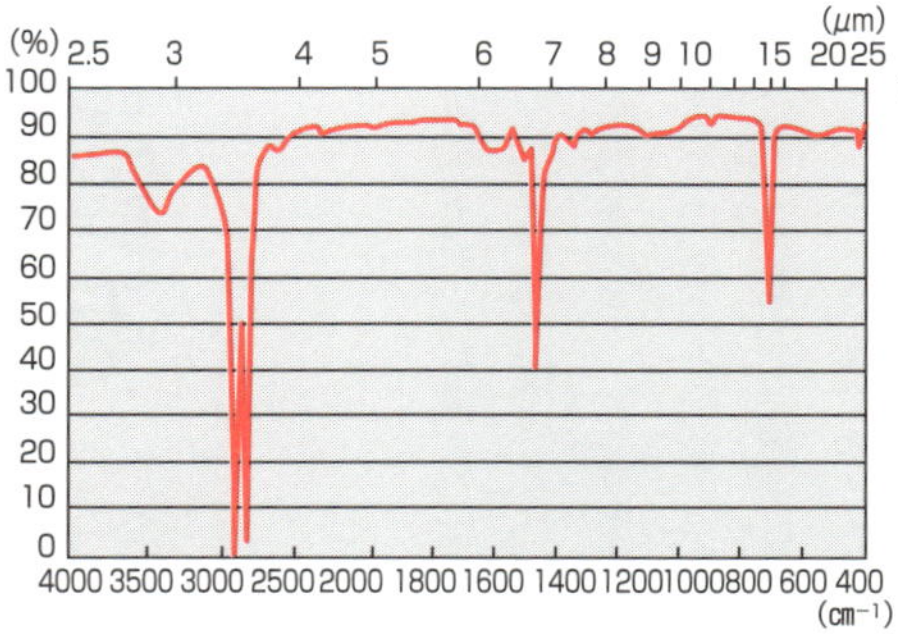

ポリスチレンのIRチャート

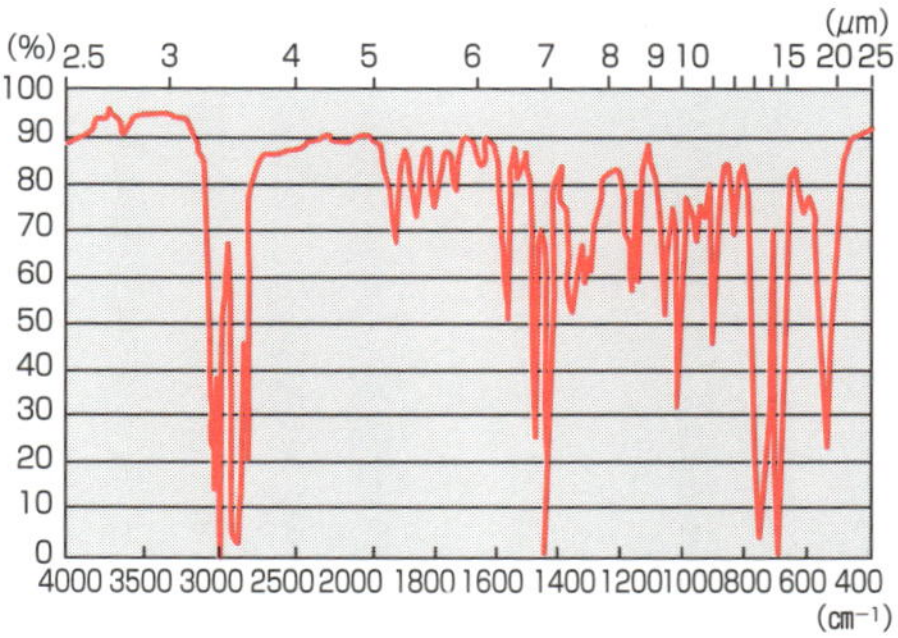

燃焼法による判定例

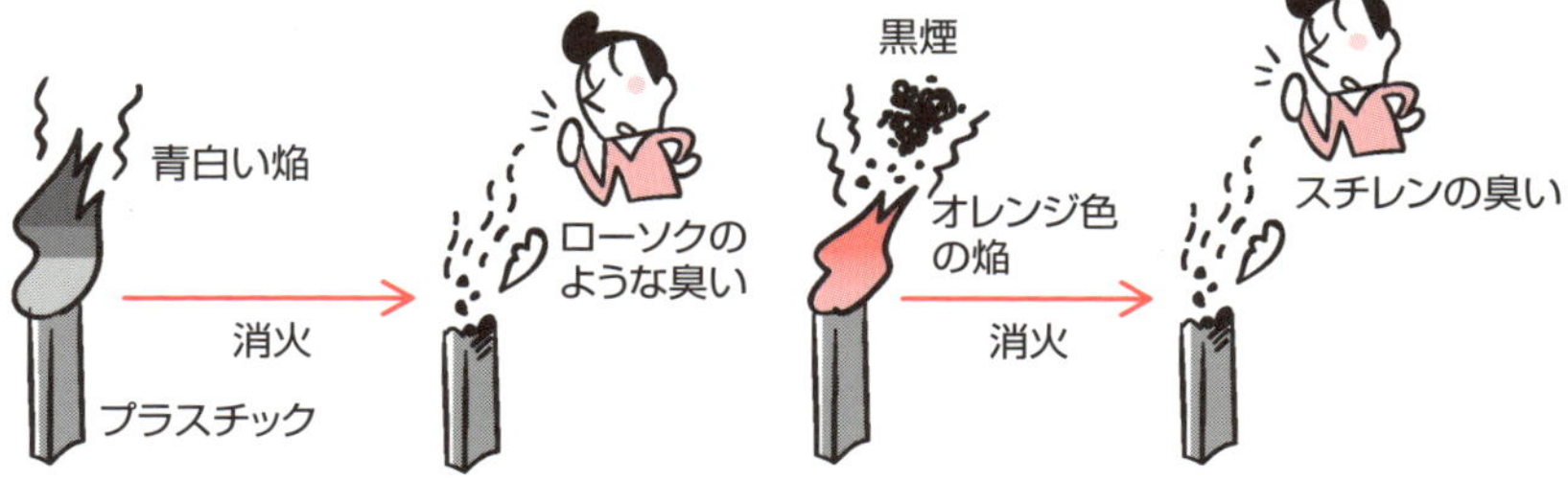

6 合成樹脂の基本的性質を決める化学構造

モノマーの化学構造と合成樹脂の性質

合成樹脂の基本的性質を決める要因は、モノマー（単量体）の化学構造です。モノマーの構成元素は、水素・炭素・窒素ですが、これに塩素・フッ素・珪素・燐・硫黄が例外的に加わり、これらの元素の組み合わせによる化学構造によって樹脂の基本的性質が決まります。

①エチレンの仲間たち

合成樹脂の最も基本的なモノマーはエチレンですが、エチレンは2つのつながった炭素に4つの水素がついている化学構造で、エチレンだけでの重合でPEとなります。この中の1つの水素がメチル基になるとプロピレン、ベンゼン環ではスチレン、塩素では塩化ビニルになります。エチレンの2つの水素が塩素に置き換わると塩化ビニリデン、4つの水素がフッ素に置き換わると4フッ化エチレンとなります。これだけの化学構造の変化で樹脂の性質が全く変わってしまいます。

②主鎖に入る異なる元素

エチレンの仲間たちは、炭素だけで主鎖を構成していますが、別の元素が鎖の構成メンバーになると、異なる性質の樹脂のモノマーとなります。例えば、元素だけに着目すると、炭素と酸素による主鎖はPOM、酸素とベンゼン環と炭素の主鎖はPC、窒素と炭素ではPA、ベンゼン環と硫黄ではPPSなどです。

③官能基の影響

モノマーの水素を他の元素や原子団で置き換えた化学構造を置換基と言いますが、このように置換基および炭素と水素だけの置換基に不飽和結合があるものを官能基と言います。水酸基・カルボキシル基・アミノ基・フェニール基・ニトリル基・ビニル基などがあり、これらの化学構造はモノマーの性質の重要な決定要因となります。

④主鎖形成にあずかる共有結合エネルギー

熱分解や紫外線劣化などの主鎖切断には、一対の電子が原子間に共有される共有結合が関係します。

要点BOX

- 合成樹脂の性質は、化学構造が少し変わっただけで差異が現れる
- 化学構造とは、さまざまな元素のつながり方

エチレンの仲間

エチレン	プロピレン	塩化ビニル	塩化ビニリデン	4フッ化エチレン
H　H |　| C−C |　| H　H	H　H |　| C−C |　| H　CH_3	H　H |　| C−C |　| H　Cl	H　Cl |　| C−C |　| H　Cl	F　F |　| C−C |　| F　F

主鎖に炭素以外のものが入る例（主鎖のみ）

ポリアセタール	炭素と酸素	−C−O−の繰りかえし
ポリアミド6	窒素と炭素と酸素	−N−C−C−C−C−C−C−O−の繰りかえし
PBT	炭素とベンゼン環と酸素	−C− 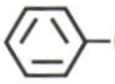−C−O−C−C−C−C−O−の繰りかえし
ポリカーボネート	ベンゼン環と酸素と炭素	−O− 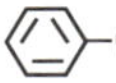−C− −O−C−の繰りかえし
PPS	ベンゼン環と硫黄	− 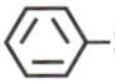−S−の繰りかえし

官能基の例

PMMAのメタクリル酸メチル	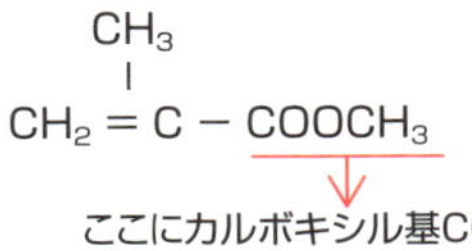 ここにカルボキシル基COOHがあります COOHのHもメチル基CH_3で置換されています
フェノール樹脂ではモノマーの原料となる フェノールの水酸基OH	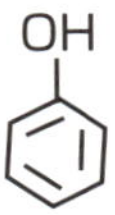
塩化ビニルのビニル基	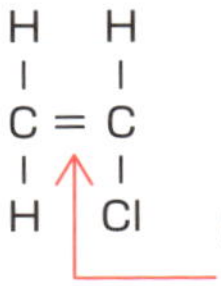 2重結合 （不飽和結合の1つ）

7 合成樹脂の性質を決める高分子構造

性質に関与する高分子鎖のつながり方

重合方法・重合温度・重合圧力・重合触媒の種類によって高分子構造が変化するので、同じモノマーを使用していても、全く異なる特性の樹脂をつくることができます。

①分子量分布：ポリマーは均一な鎖の長さ（分子量とか重合度）で構成されているものではありません。重合条件によって分子量分布が比較的狭い均一性のよいもの、重合条件のばらつきにより分布が広いもの、分布に複数の極大点などがある不均一性の大きい分布のものなどがあります。これによって性質や成形性に差異が生じます。

②枝分かれ：ポリエチレンで代表的な差異が見られますが、重合圧力・重合温度・触媒の種類などにより枝のない幹だけのポリマーとか、さまざまな形の枝のあるポリマーができます。

③末端基：ポリマーの鎖の末端の化学構造はポリマーの熱安定性や耐薬品性などに大きく関与します。POMでのホモポリマーとコポリマーの差異の例があります。

④架橋：ポリマーの鎖を結ぶように橋をかけて高分子量化を図るもので、架橋PPSはこの例です。熱硬化性樹脂の硬化は3次元的な架橋によるものです。またPEのパイプなどで耐熱温度を高めるために架橋されるものなどがあります。

⑤立体規則性：直鎖状ポリマーでこれを構成する単位が規則正しい立体配置をしているものですが、触媒技術の進歩によりさまざまな樹脂で立体規則性のよいポリマーがつくられるようになりました。PPや結晶性PS（SPS）がその例です。

⑥共重合（コポリマー）：2種類以上のモノマーで重合したもので、さまざまな結合方式があります。PPのブロックコポリマーやランダムコポリマー、グラフトタイプABS樹脂が、その例としてあげられます。

要点BOX

- ●同じ化学構造のものでも、高分子の鎖のつながり方で性質が異なる
- ●高分子構造が樹脂の理解を難しくしている一因

分子量分布の形いろいろ

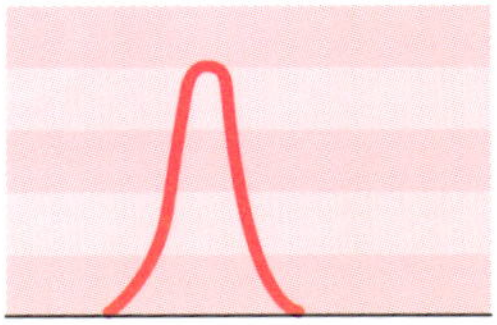

分布の幅が狭い

ポリマーの鎖の長さが
比較的揃っている

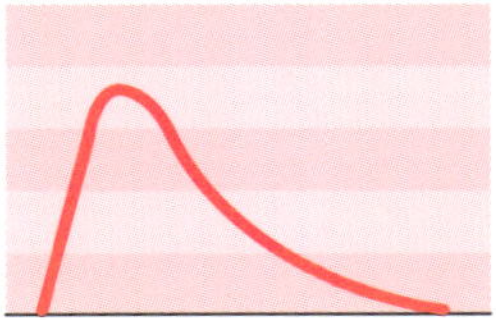

広い分布をしている

いろいろの長さの鎖で
構成されている

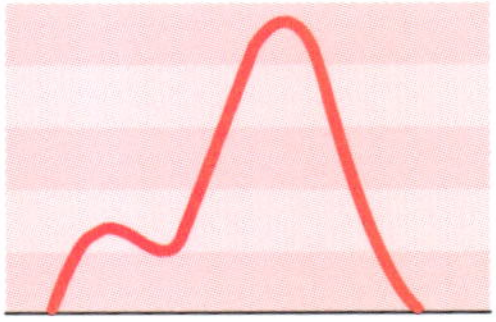

2こぶラクダのように

ピークが2つある分布

ポリエチレンの枝分かれによる種類

	低密度ポリエチレン LDPE	直鎖状低密度ポリエチレン L-LDPE	高密度ポリエチレン HDPE
構 造			

立体規則性の分類とそのイメージ

[アイソタクチック]

同じ方向に向いて
手をつないでいるね!

[シンジオタクチック]

手のつなぎ方が同じ方向
ではなく、交互だね!

コポリマーの各種の結合様式

1）ランダムコポリマー	A − A − B − A − B − B − A − B − A − B
2）交互共重合コポリマー	A − B − A − B − A − B − A − B − A − B
3）ブロックコポリマー	A − A − A − A − A − B − B − B − B − B
4）グラフトコポリマー	A − A − A − A − A │ B − B − B − B − B

8 合成樹脂の性質向上のための添加剤

性質向上を助けるさまざまな改質剤

多様化する要求性能や成形加工性を満足させるために、重合によってつくられたポリマーに各種の添加剤や改質剤を加えて成形材料とします。しかし目的とする性質が改質される反面、別の性質にマイナス効果を与えることもあるので、添加剤の背反的効果チェックが必要です。

①抗酸化剤・熱安定剤：成形および使用時の酸化防止や熱安定性向上のためのものです。

②紫外線吸収剤・光安定剤：ポリマーはそれぞれ特有の波長の光を吸収して劣化するので、これらを防止するものです。

③帯電防止剤：合成樹脂は電気絶縁性が優れていますが、その代わりに静電気が発生しやすくなります。界面活性剤の添加が防止対策となります。

④導電材：導電性を付与するためには、カーボン繊維・ステンレス繊維のような金属繊維・導電性カーボンブラックが使用されます。

⑤強化材：アスペクト比（繊維の長さと直径の比）の大きいガラス繊維やカーボン繊維などによって強化が行われます。また繊維とポリマーとの密着性向上のために繊維表面にカップリング剤がコーティングされています。

⑥充填材：アスペクト比が大きい強化材では性質の異方性が問題となるので、アスペクト比の小さい無機充填材の使用が吟味されます。

⑦着色剤：着色の主目的は装飾効果ですが、耐候性付与や組み立ての間違い防止などのためにも着色します。染料・無機顔料・有機顔料があります。

⑧発泡剤：軽量化・断熱性付与・緩衝性付与・ひけ防止などを目的とします。窒素ガスや熱分解型発泡剤が使用されます。

⑨その他：結晶核剤・難燃剤・液体および固体潤滑剤・可塑剤・ゴムなどの柔軟付与材・滑剤・離型剤・抗菌剤があります。

要点BOX

- 重合だけでは多様なマーケットニーズに応えられるものはつくれない
- 改質剤によるマイナス効果のチェック

導電材含有量と体積抵抗率の関係

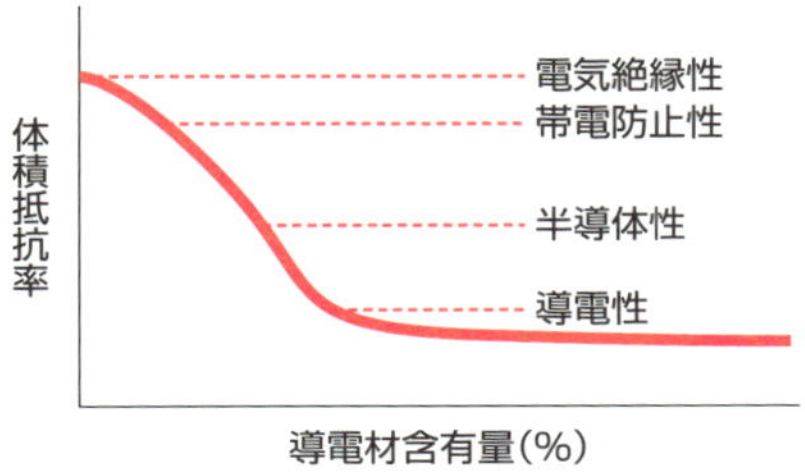

アスペクト比の大きい繊維状強化材による異方性の発現

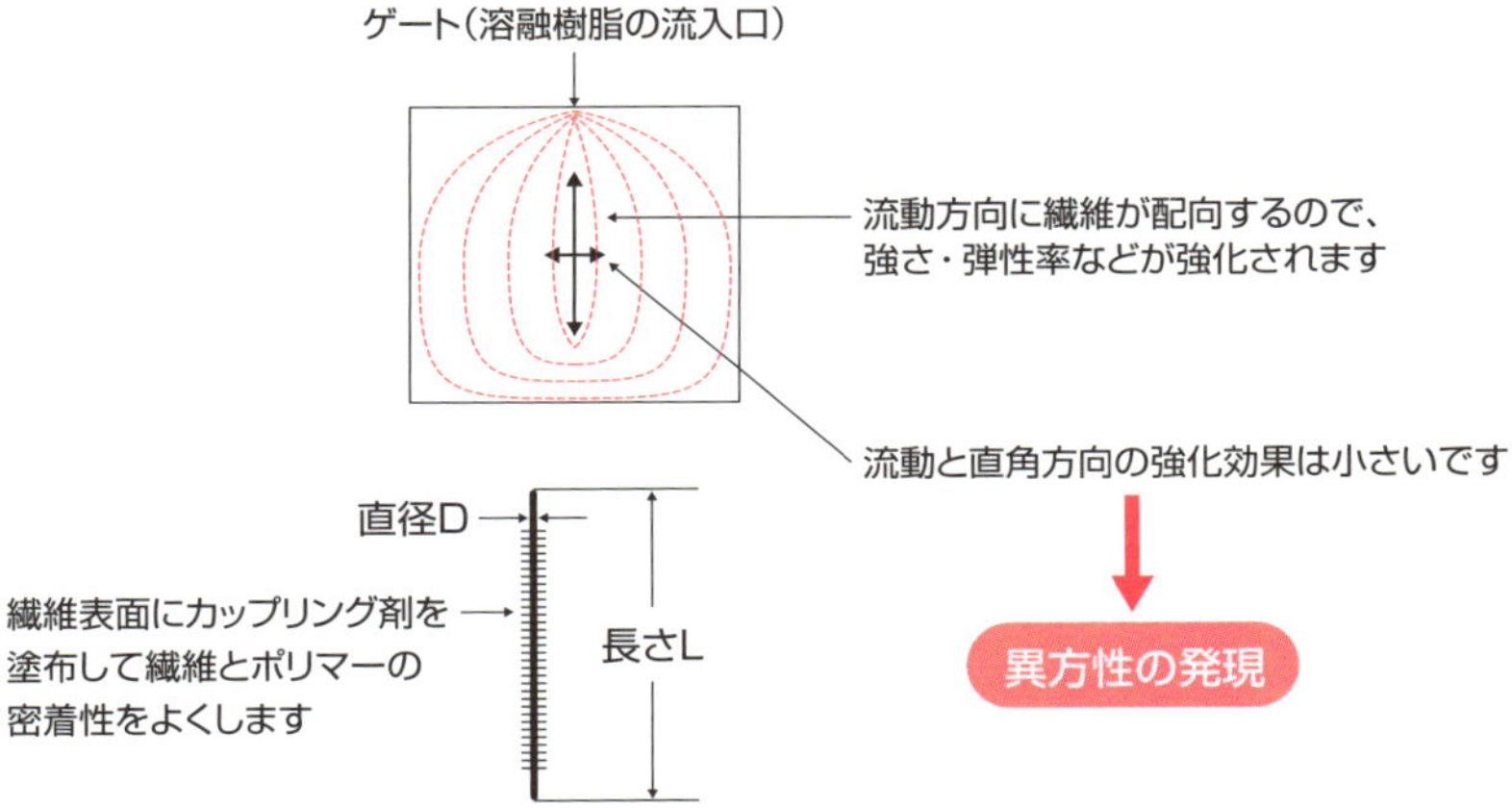

L/Dをアスペクト比と言います。アスペクト比の大きい強化材により流動方向の強化効果は大きくなりますが、異方性も大きくなります

溶融樹脂の発泡成形の原理

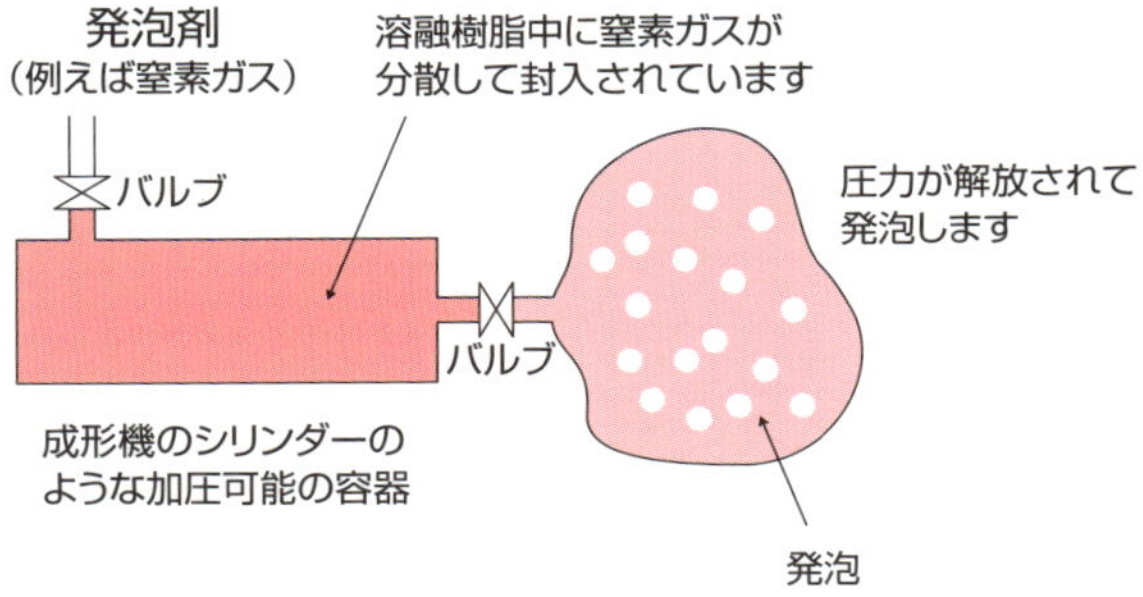

9 繊維強化材による複合化

繊維状強化材による改質の表と裏

材料の複合化により、力学的性質や耐熱変形の向上および機能的性質（導電性・摺動性・難燃性・透過性・バリア性・吸水性・透明性など）の付与や改質ができます。複合化には、ポリマーと繊維状強化材や無機充填材によるものおよびポリマーとポリマーとによるポリマーアロイとがあります。繊維状強化材および無機充填材を使用しての複合化による改質目的は、高剛性化（高弾性率化）と高強度化です。

①高剛性化のための複合

複合則による理論では、弾性率はガラス繊維の添加量（容量%）に比例するので、高弾性率にするためにはできるだけ多くの繊維状強化材を添加するように工夫しなければなりません。しかしこれによって流動性やウエルド強さが低下するし、アスペクト比の大きいガラス繊維強化材の流動配向によりさまざまな性質の異方性が増大します。ガラス繊維が表面に浮き出して、成形品の外観不良の問題も伴います。ガラス繊維の流動配向による成形収縮率の異方性は、成形品のそり変形の主要因となるので、一般的には、アスペクト比の小さい無機充填材とガラス繊維の配合比の最適化や非結晶性合成樹脂とのアロイグレードの活用によって対策します。

②高強度化のための複合

高強度化には、ポリマーとガラス繊維との親和性とガラス繊維長さが関与します。ガラス繊維表面には接着力向上対策として、それぞれの合成樹脂に適合するカップリング剤がコーティングされますが、ポリマー側を改質して接着力の向上を図ることもあり、PPにマレイン酸変性PPを添加するのはその一例です。高強度化のためのガラス繊維長さは臨界繊維長さ以上の長さが必要です。静的強さや衝撃強さをさらに高めるために、切断していないガラス繊維（ロービング）に溶融樹脂を含浸させた長繊維強化材が金属代替用として使用されます。

要点BOX

- ●繊維強化材による複合化で、すべての方向の性質が改質できるわけではない
- ●複合の目的は高剛性化と高強度化

高剛性化のための複合

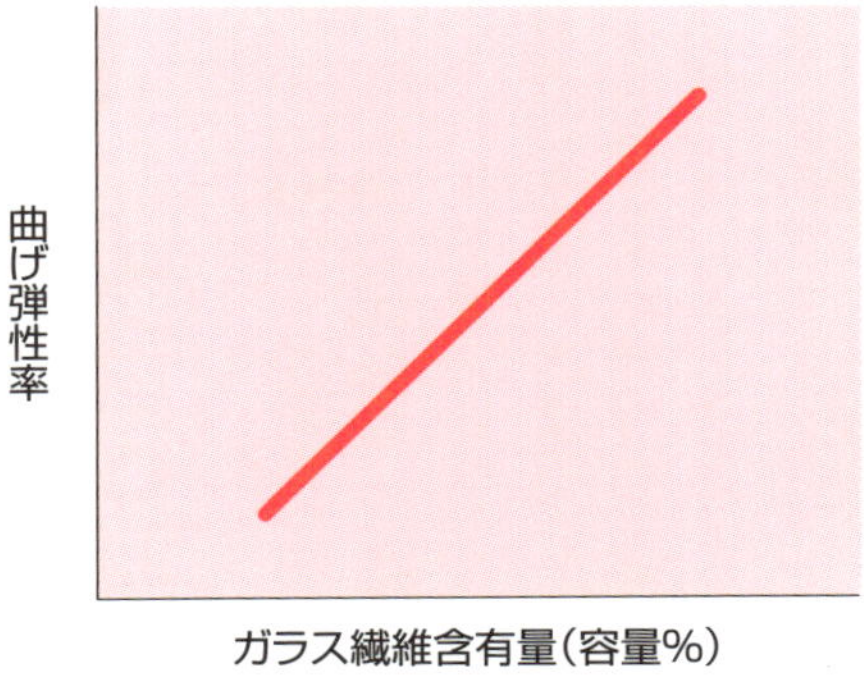

複合則により
直線関係となります

できるだけ多量の添加によって
金属代替のための高剛性グレートが
つくられます

高強度化のための複合

ポリマー　ポリマーのほうも改質してガラス繊維との密着度を大きくすることを考慮します

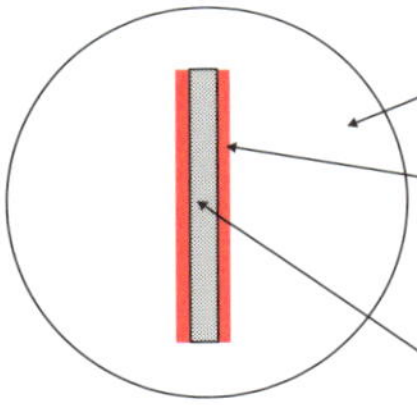

密着性向上のためにカップリング剤がコーティングされます。樹脂によってカップリング剤が選定されます

ガラス繊維　ガラス繊維が長いほうが、長さ方向の強度が大きくなります。しかし異方性の発現があります

射出成形品中のガラス繊維長さの度数分布

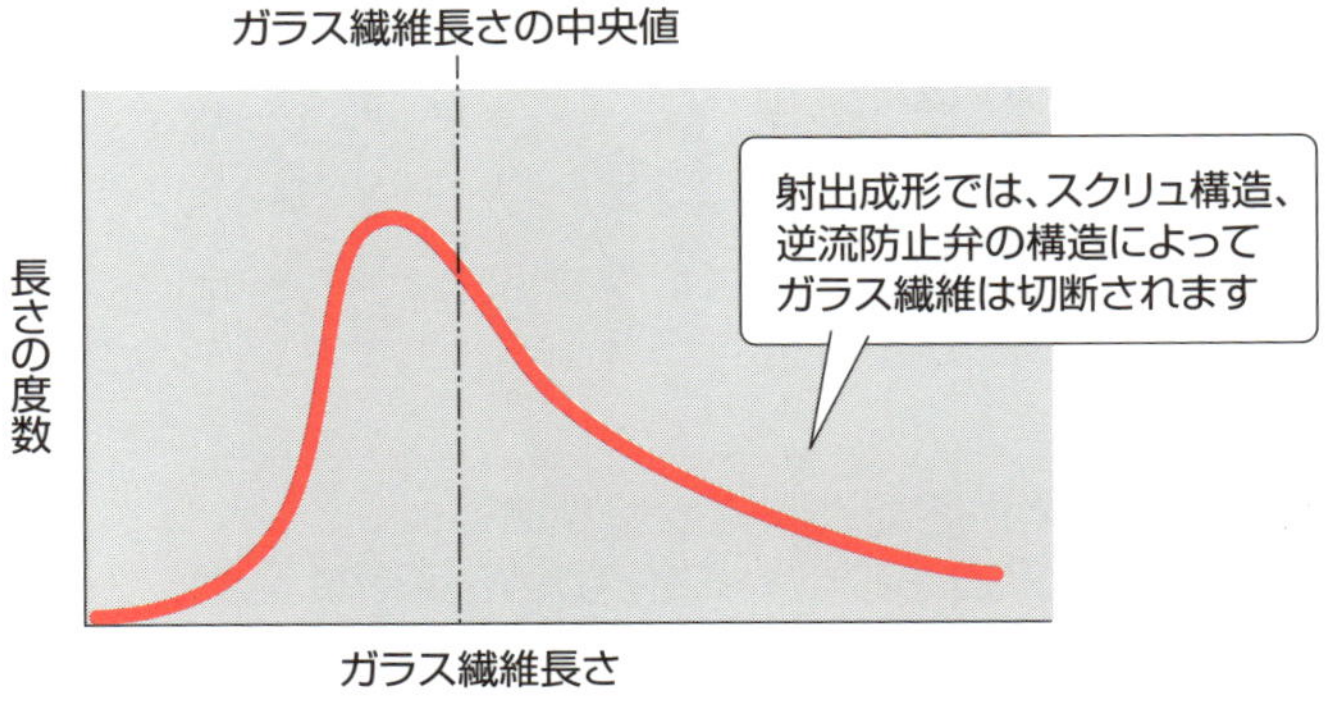

10 ポリマーアロイ化による改質

アロイ化に寄与する相溶化技術

　ポリマーアロイには、相溶型と非相溶型のものがあります。相溶型のアロイは、水に塩などが完全に溶解するように、化学構造が近似している樹脂同士では、互いの親和性がよく、任意のブレンド比率で混練して分離することなく新規のグレードをつくることができます。例えば、GPPSとHIPSとのブレンドやPPEとPSとのブレンドとかスーパエンプラにも多くの組み合わせのアロイグレードがあります。

　非相溶化型のアロイは、相互の親和性がよくないので、水と油との混合のように、単に混練するだけでは分離して使用可能な樹脂にはなりません。このような場合は、水と油のような混合物に乳化剤を使用するように、ブレンドする各ポリマーとそれぞれに相溶性がある相溶化剤を添加して混練すると、相溶化剤が結合点となる働きをして両者の分離のない樹脂をつくることができるようになります。近年の相溶化技術の長足の進歩によって、これまで不可能であった樹脂の組み合わせのアロイ化が可能となっています。その1つの例として、PAの吸湿性改良のためのPPとのアロイをあげることができます。このアロイは、比重の小さいPPによって、PAグレードとしては比重の小さいグレードとなります。

　アロイ化の目的は多岐にわたりますが、耐衝撃性・耐熱性・耐薬品性・成形品外観改良などをあげることができます。耐衝撃性は、熱可塑性エラストマーや合成ゴムの添加や衝撃強さの大きい樹脂を相手としての改質になります。耐熱性は、荷重たわみ温度が高い非結晶性合成樹脂を利用する組み合わせが多く見られます。耐薬品性は、非結晶性合成樹脂のソルベントクラック防止のために、結晶性合成樹脂との組み合わせによるものです。流動性の改良を図るものもありますが、PCとABS樹脂による流動性・耐熱性・耐衝撃性の改良を目的としたアロイやPPEとPSとのアロイはこのよい例です。

要点BOX

- ●アロイには相溶型と非相溶型がある
- ●非相溶型アロイのための相溶化剤技術は進歩している

低分子物の完全相溶の例

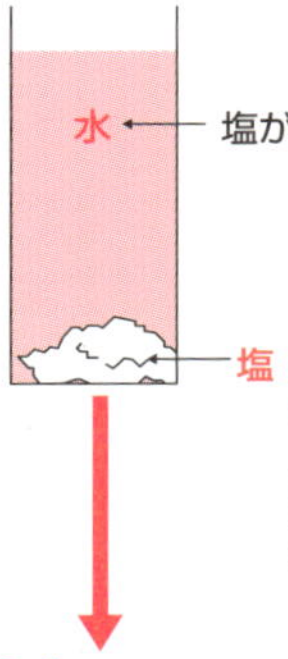
塩が溶解
溶解度には限度があります。塩の投入量が多すぎると溶解しないで塩の状態で残ります

相溶型ポリマーアロイ

低分子物の非相溶の例

混合して均一化してから放置すると完全に分離して2層に分かれます。乳化剤を添加して混合すると分離しなくなります

非相溶型ポリマーアロイ

相溶化剤による相溶化のメカニズム

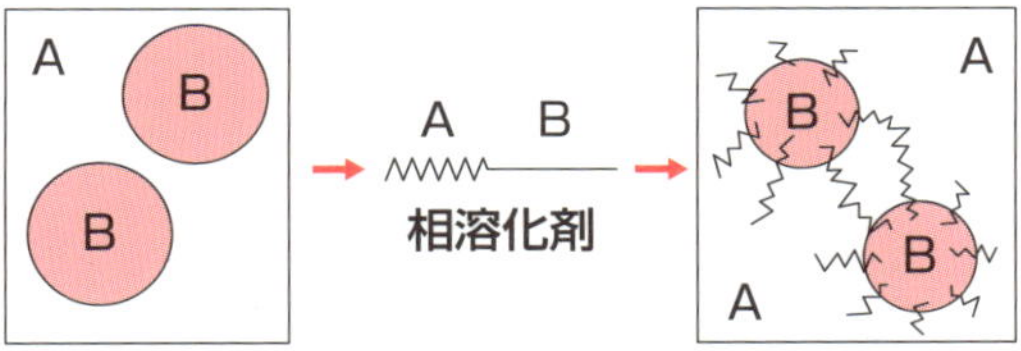

ポリマーアロイによる改質の例

	相手樹脂	特長
ポリアミド	変性ポリオレフィン系エラストマー	耐衝撃性
	非結晶ポリアミド／ゴム	耐衝撃性、耐熱性
	ABS	耐薬品性、耐熱性、良外観
	m-PPE	耐薬品性、耐熱性、耐衝撃性
	PP	コストダウン、低比重、低吸湿性
	PA	良外観、耐塩化カルシウム、耐熱性
ポリカーボネート	ABS	流動性、耐熱性、耐衝撃性、めっき性
	PBT/PET	耐薬品性、低そり
	PMMA	パール光沢
	LCP	高強度、成形性
変性PPE	HIPS/PS	成形性、寸法安定性、耐衝撃性、コストダウン
	PA	耐薬品性、耐熱性、耐衝撃性
PBT	PC	低そり、耐衝撃性
	PET	良外観、低そり
	PS系	低そり
	エラストマー	耐衝撃性
ポリアセタール	エラストマー	耐衝撃性、柔軟性

Column

樹脂の素性をどこまで理解すればよいのか

　プラスチック産業に関与している複数の企業の方で、ＰＥやＰＰなど、多くの樹脂は1種類しかないとかペットボトルが透明なことから、ＰＥＴはＧＰＰＳやＰＭＭＡのように本質的に透明な樹脂と思っている人は意外にも多いようです。しかしＰＥには高密度ＰＥ・低密度ＰＥ・直鎖状低密度ＰＥがあり、ＰＰにはホモポリマー・ブロックコポリマー・ランダムコポリマーがあり、それぞれに性質も成形性にも差異があります。また透明なＰＥＴボトルを１２０℃程度で加熱し続けると、結晶構造の発現によって白濁してくるので、ＰＥＴは結晶性樹脂であることが理解できます。

　このような入門的な基礎知識の習得やそのレベルアップを忘れて、新しく開発された樹脂・グレードや新技術を駆使した高性能な成形設備などのほうにのみ高い関心を持つことは基礎が強固でない砂上の楼閣のような知識とも言えます。

　経営合理化の一環として、企業統合が積極的に行われた時期がありましたが、統合によって生産が終了となるグレードと同等のグレードが樹脂メーカから紹介され、これまで使用していた量産成形設備で同じ成形条件で量産テストをしたところ、良品を成形することができなかった少なくない事例が、押出成形でもポリマーアロイの射出成形でもありました。樹脂メーカは何を根拠として同等グレードと判定して推奨したのかを明らかにしなかったということでした。もしＪＩＳやＩＳＯによる測定結果が同じだから同等グレードと判断したとするならば、複雑な成形性を理解できていない樹脂メーカの力量の問題と思われます。

　金属材料のＪＩＳ表示グレードの組成や性質は、メーカ各社で大差がないと聞いていますが、樹脂ではこのようにはならないことから、樹脂は訳の分からないモンスターだとよく言われます。その大きな要因は高分子構造の関与によるものと推測されます。例えば、結晶性樹脂のポリマーの鎖の分岐状況は結晶構造の発現に関与し、力学的性質などの差異要因ですし、ブロー成形などでの垂れ下がりやすさの要因の溶融強さも分岐に大きく影響を受けます。また公表されていない結晶化速度や熱分解する前の樹脂からのガス発生も重要な成形性として明確にすべき樹脂の素性と考えなければならないと思います。樹脂の素性には奥深いものがあり、公表されていない性質や成形性を含めて成形品品質との関連が明確にされることが、高品質化にも寄与します。

第2章

加熱と冷却で流動・固化を繰りかえす熱可塑性プラスチック

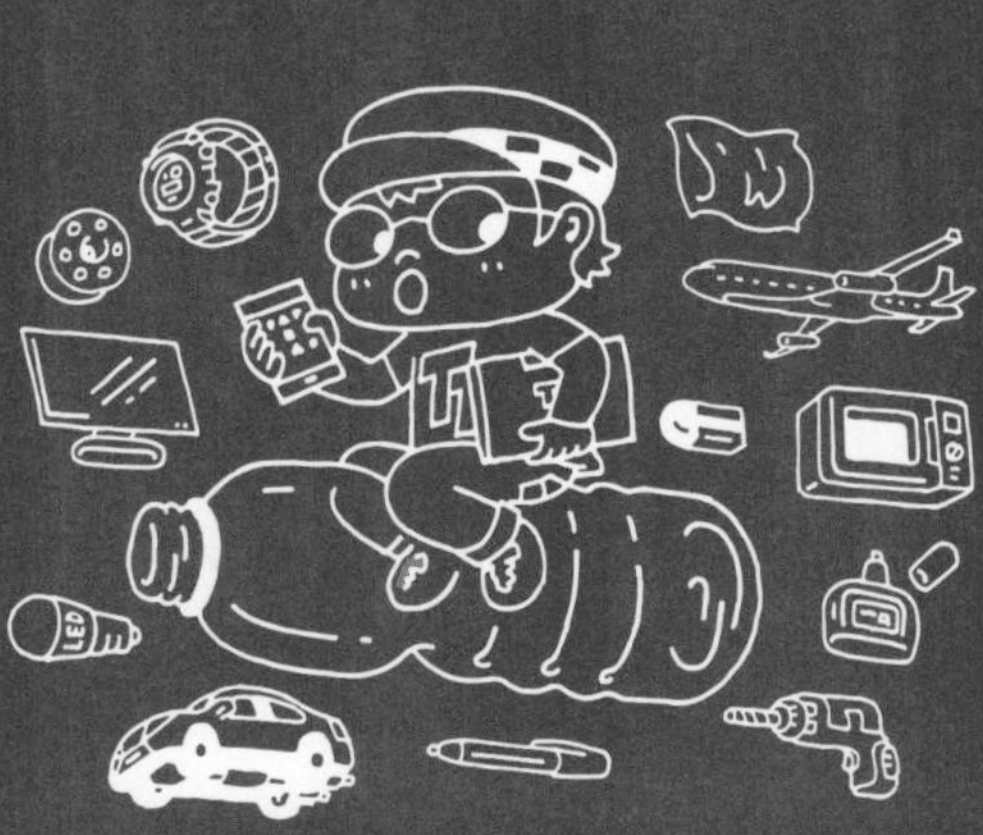

11 ポリエチレン（PE）

生産量の最も多い樹脂

エチレンを重合してつくられる合成樹脂（プラスチック材料）がPEですが、エチレンモノマーは一般的なモノマーのような温和な条件では重合しません。1933年に英国で高圧の条件で重合できたのがPEの最初ですが、レーダに必要な高周波絶縁性に優れていることが契機となり、1942年に米国で1000～4000気圧の高圧下で工業規模の生産が始められました。高圧で重合すると、長い枝分かれの分子鎖構造の低密度のPEとなります。重合圧力が高いので高圧法PEとも言います。

その後重合触媒の研究成果により1950年代にドイツや米国で数気圧～数十気圧の低圧力で分岐構造がほとんどない直鎖状分子鎖構造の高密度PEが開発されました。重合圧力が低いことから低圧法PEとも言います。重合に大きく関与する触媒技術の進歩によって、1970年後半からエチレンと少量のブテン-1のようなコモノマーとの低圧条件での共重合により、分岐が少ない直鎖状分子鎖構造の低密度PEが工業的に生産されるようになりました。これが直鎖状低密度PEで、高圧法PEに比較して、建設費およびエネルギー消費が少ないことによるコストメリットと力学的性質・耐熱性・ヒートシール性などの優位性により、低密度PE需要量の50％程度まで代替が進んでいます。

低密度PEの主用途は、食品・農業ハウスや産業資材用のフィルムが約50％で最も多く、牛乳・ジュースなどの容器やクラフトテープなどの産業資材用の加工紙（ラミネート紙）がこれに続きます。電線被覆用にも使用されています。射出成形やブロー成形での用途は限られています。高密度PEは強さ・弾性率が大きいことによるフィルム用途と、低密度PEと異なりブロー成形や射出成形にも使用されます。特筆すべき用途として上水道パイプ（黒色）、ガスパイプ（黄色）があります。

要点BOX

- ●PEにはさまざまな性質の仲間たちがある
- ●水道パイプにもガスパイプにも使用されるPEがある

ポリエチレンの形態による種類と分類

- 直鎖状ポリエチレン（中圧・低圧による重合）
  - 高密度ポリエチレン（HDPE）
  - 超高分子量ポリエチレン（UHMWPE）
  - 直鎖状低密度ポリエチレン（LLDPE）
    - ブテン−1をコモノマーとする汎用LLDPE
    - ヘキセン−1、オクテン−1、1・4メチルペンテンをコモノマーとするLLDPE（HAO-LLDPE）
    - 上記コモノマーの量の多いVLDPE
- 分岐状ポリエチレン（高圧による重合）
  - 低密度ポリエチレン（LDPE）
  - 極性モノマーとのコポリマー
    - エチレン・酢酸ビニルコポリマー（EVA）
    - エチレン・ビニルアルコールコポリマー（EVOH）
    - 金属塩モノマーとのコポリマー（アイオノマー）
    - 酸モノマーとのコポリマー（メチルアクリレート、エチルアクリレート、メチルメタアクリレートなどとのコポリマー）
- エストラマー（中圧・低圧による重合）
  - エチレン・プロピレンゴム（EPR）
  - エチレン・プロピレンジエンラバー（EPDM）
- 塩素化ポリエチレン（高分子反応による）

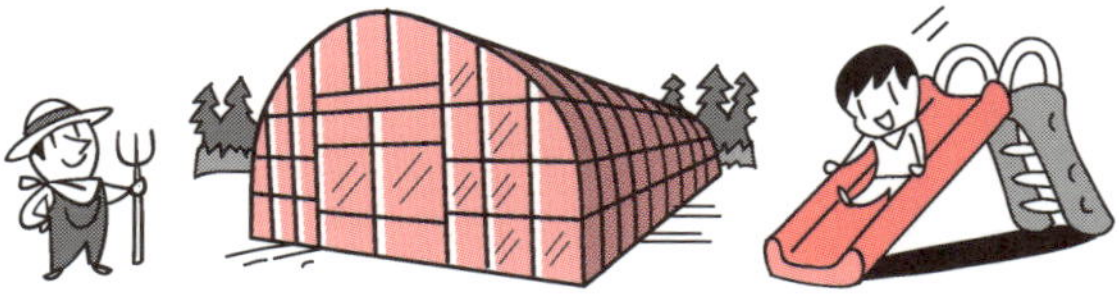

ポリエチレンの特徴

❶吸湿率・吸水率が非常に小さい樹脂です。
❷水蒸気の透過率は小さい（バリア性がよい）樹脂です。
❸耐有機溶剤性は良好です。しかしこのため印刷・接着剤による接着・塗装などでは、あらかじめ表面の水濡れ性をよくするための表面処理を必要とします。
❹有機溶剤・ガソリンなどの蒸気や空気・酸素などのバリア性はよくありません。このためPE製自動車のガソリンタンクや食品包装などでは、これらのバリア性のよい樹脂との複合が必要となります。
❺熱による変形温度は高くありません。
❻マイナスの低い温度までの耐寒性が良好です。
❼分子構造に極性がないので、高周波特性や誘電特性に優れています。
❽自己潤滑性があり、耐摩擦摩耗特性が良好です。
❾無害・無毒であり、食品包装や医療分野での安全性に優れています。
❿紫外線で劣化しやすいです。
⓫酸素指数が小さく可燃性です。

12 ポリプロピレン（ＰＰ）

自動車部品に不可欠な存在

エチレンの1つの水素がメチル基で置換されたプロピレンを重合した樹脂がＰＰですが、重合触媒の種類やコポリマー組成などによって図のようなＰＰグレードがあります。アイソタクチックＰＰの触媒がイタリアで発見されたのは１９５４年ですが、50年代後半から世界的に工場規模での生産が始まりました。プロピレンだけで重合したものがホモポリマーで、新しい触媒の開発により、立体規則性のよい高結晶化度のホモポリマーや特徴のあるＰＰコポリマーが重合できるようになりました。ホモポリマーは耐寒性が十分ではないので、20％（重量）以下のエチレンとのブロックコポリマーで改質したものが、性能からインパクトコポリマーとも言います。結晶性のＰＰは結晶構造のところで光が乱反射して不透明になります。医療分野や食品包装分野などでの透明性ＰＰの要求に対しては、エチレンやブテン-1とのランダムコポリマーが一般的に選定されますが、ホモポリマーより熱によって変形しやすくなります。透明なＰＰとしては、結晶核剤を吟味して光が乱反射しない程度の微細な結晶構造にした結晶性グレードがあるほか、シクロオレフィン系モノマーを重合しての複屈折率がＰＭＭＡと同程度の透明な環状ポリオレフィンもあります。

需要構成では、ＰＥと異なり射出成形分野が60％程度と最も多く、このうちの約半分が自動車・家電などの工業用部品とか飲料関係のコンテナなどです。日用雑貨分野では台所用品・浴室用品・食品容器・衣装箱などがあります。医療分野の用途では注射用のシリンジや血液検査用器具などはその代表的なものです。フィルム分野がこれに次いでいますが、二軸延伸フィルム（ＯＰＰ）や無延伸フィルム（ＣＰＰ）が食品包装などに使用されています。繊維では漁網・濾布・ロープなどがありますし、不織布用の繊維としての用途もあります。フラットヤーンによる荷造り紐やヤーンを編んでつくる各種の袋もあります。

要点BOX

●耐寒性・透明性・力学的性質も異なるさまざまなポリプロピレンがある
●自動車・家電を支えるポリプロピレンの重要性

ポリプロピレンの形態による種類と分類

- アイソタクチックポリプロピレン
  - ホモポリマー
  - ランダムコポリマー（エチレンまたはブテン－1を1～7%重量含む）
  - ブロックコポリマー（インパクトコポリマーとも言う）（EPR成分を20%重量以下含む）
- シンジオタクチックポリプロピレン
- アタクチックポリプロピレン
- エストラマー（EPR成分を20%重量以上含む）
  - ブレンドタイプ
  - 反応型ブレンドタイプ
  - 動的架橋タイプ
- ポリマーアロイ
- 複合化ポリプロピレン（ガラス繊維、タルク、マイカなどによる）
- 環状ポリオレフィン

ポリプロピレンの特徴

❶比重が0.90～0.91と小さく、軽量化およびコストメリットがあります。
❷PEより熱による変形温度は高く、低荷重では100℃程度まで使用できます。
❸ホモポリマーの耐寒性はよくないので－20～30℃以下の雰囲温度気で使用する成形品では、ブロックコポリマーが選定されます。
❹疲労強さは大きくありません。
❺耐薬品性は良好です。印刷・接着・塗装ではPE と同様にあらかじめ表面処理しなければなりません。
❻耐熱水性がよく、沸騰水でも使用可能です。
❼化学構造によりPE より熱分解されやすいです。
❽水蒸気のバリア性はよいものの、有機溶剤や空気・酸素などのバリア性はよくありません。
❾銅および銅合金に接した状態で加熱されると熱分解が促進されます（これを銅害と言います）。
❿耐候性はよくありません。
⓫酸素指数が小さく可燃性です。

家庭用
分別ごみ用容器

キャスター付
衣類収納ケース

13 ポリスチレン(PS)

容器包装材としての需要が多い樹脂

　エチレンの1つの水素がベンゼン環で置換されているスチレンを重合すると透明な非結晶性合成樹脂となります。これを汎用PS(GPPS)と言います。PSグループには、図に示すようにさまざまなスチレン系樹脂があります。GPPSの最初の工業化は1930年にドイツで行われ、高周波絶縁性の軍事目的活用のために米国では1937年に工業生産を始めたという経緯があります。GPPSは比重が1・05と小さく、耐熱分解性や流動性に優れている優位点がありますが、衝撃強さが小さいのが弱点の1つです。この改良のためにスチレン・ブタジエンゴムやブタジエンゴムなどの添加により高衝撃PS(HIPS)がつくられています。

　一般的製造法によるHIPSはゴム粒子による光の乱反射で不透明ですが、成形品の中が見えるようにしたいとのマーケットのスケルトン構造用HIPSの要求により、吟味されたモノマーとの共重合によって透明なHIPSがつくられています。GPPSの耐衝撃性を改良する方法としてフィルムでは二軸延伸法があり、これによって優れた包装材料特性を有するOPSフィルムが得られます。耐熱性の向上にはα-メチルスチレンとの共重合グレードがあります。アクリロニトリル含有量が25%(重量)程度のスチレン・アクリロニトリル共重合コポリマー(AS樹脂、国際的にはSAN樹脂)もあり、耐薬品性および耐候性も改質されています。触媒の進歩により立体規則性のよい結晶性のシンジオタクチックポリスチレン(SPS)が開発されました。

　需要構成では、包装用が約50%で最も多く、氷菓・めん類・食品パック用の各種容器や菓子箱・各種包装用フィルムなどがあります。乳酸菌飲料用の射出ブロー成形によるボトルもあります。テレビ・エアコン・冷蔵庫などの家電および事務機器がこれに次いでいます。発泡PSでは、ブロック材・戸建て住宅用ボード・魚箱・畳などの用途もあります。

要点BOX
- ●安価だが破損しやすいGPPSの改質によるグレードは進化
- ●包装材としてのPS有用性

ポリスチレンの種類と分類

- ホモポリマー
  - 汎用ポリスチレン(GPPS)
  - 高衝撃ポリスチレン(HIPS)
  - シンジオタクチックポリスチレン(SPS)
- コポリマー
  - アクリロニトリル・スチレン重合体(ASあるいはSAN)
  - スチレン・メタクリル酸共重合体
  - スチレン・α-メチルスチレン共重合体
- エストラマー
  - スチレン・ブタジエン・スチレンエラストマー(SBS)
  - スチレン・イソプレン・スチレンエラストマー(SIS)
- ポリマーアロイ
  - 高衝撃ポリスチレン(HIPS)
  - 変性ポリフェニレンエーテル(m-PPE)
  - 永久制電性ポリスチレン
  - スチレン・オレフィンアロイ

ポリスチレンの特徴

❶透明で比重が1.05の非結晶性樹脂です。
❷吸湿率・吸水率が小さい樹脂です。
❸汎用PSは衝撃強さが小さいのが最大の問題点です。衝撃強さを向上させた耐衝撃グレードがありますが、不透明となります。透明グレードもつくられています。
❹荷重たわみ温度は80℃程度ですが、アクリロニトリル25%と共重合したAS樹脂は101～104℃と高くなります。
❺非結晶性のため有機溶剤に侵されます。
❻無毒・無臭で食品包装用に使用できます。
❼電気絶縁性および誘電特性に優れています。
❽酸素や炭酸ガスの透過率はPP程度です。
❾日光や蛍光灯の下で黄色く変色します。
❿酸素指数が20%程度で徐燃性です。

14 ABS樹脂

高性能グレードによる需要拡大

ABS樹脂は、アクリロニトリル（A）・ブタジエン（B）・スチレン（S）の3成分からなる非結晶性合成樹脂です。最初のABS樹脂は、1947年に米国でAS樹脂の衝撃強さの改質のためにアクリロニトリルとブタジエンのコポリマーをブレンドしてつくられましたが、目的とする性質のものになりませんでした。次にブタジエンラテックスにスチレンとアクリロニトリルとを添加して、重合反応とグラフト反応を併発させて、ポリブタジエン量の多いグラフトタイプのABS樹脂が1954年に米国でつくられました。このようなグラフトABS樹脂に、AS樹脂をブレンドして必要とする衝撃強さのグレードがつくられています。ABS樹脂はマトリックスがASで、粒子径が0・3μm程度のゴム成分を分散層としているので不透明ですが、マーケットからの要求に対応するために吟味した第4成分との共重合で透明なABS樹脂があります。ABS樹脂は紫外線によって二重結合のあるブタジエンが酸化劣化して耐候性がよくないので、ポリブタジエンを他のゴムに変更して耐候性を改質したグレードがあります。また熱による変形の指標となる荷重たわみ温度を高めるために第4成分を導入して、共重合による耐熱グレードがあります。ABS樹脂はポリマーアロイをつくりやすく、ABS樹脂の耐熱性・耐ソルベントクラック性などの改質のための結晶性樹脂との組み合わせやPCの流動性改良のためのABS樹脂との組み合わせなどがあります。

需要構成では、高性能グレードの開発によるグレードバラエティの多様化によって車両用が最も多くなり、従来構成比率が大きかった雑貨分野がこれに次いでいます。雑貨分野では、スポーツ用品・レジャー用品・ゲーム機部品・玩具などや古くからの靴のヒール・鞄類もあります。テレビ・掃除機・電話器などの家電製品やOA機器の用途もあります。めっき可能なことも用途拡大に寄与しています。

要点BOX

- 1次成形性・2次成形加工性が共に優れている魅力ある樹脂
- 要求性能に合致するグレードの多様性

ABS樹脂の種類と分類

- 汎用ABS樹脂
- 耐候性改良グレード
  - AES
  - AAS（またはASA）
  - ACS
- 耐熱グレード
- 透明グレード
- ポリマーアロイ
  - ABS/PC
  - ABS/PBT
  - ABS/PET
  - ABS/PA
  - ABS/親水性樹脂

ABS樹脂の特徴

❶さまざまなレベルの衝撃強さのグレードが、ポリブタジエンの配合比率でつくられています。
❷荷重たわみ温度および耐寒性は、ポリブタジエンの量で変化します。
❸非結晶性合成樹脂のため有機溶剤には侵されます。また食用油によってもソルベントクラックを起こします。
❹ポリブタジエンの紫外線劣化のために耐候性はよくありません。
❺電気絶縁性が良好です。
❻射出成形・押出成形・ブロー成形・真空成形が適用できるほか、めっき・印刷・接着・塗装などの2次加工性にも優れています。
❼酸素指数が20％程度で徐燃性です。

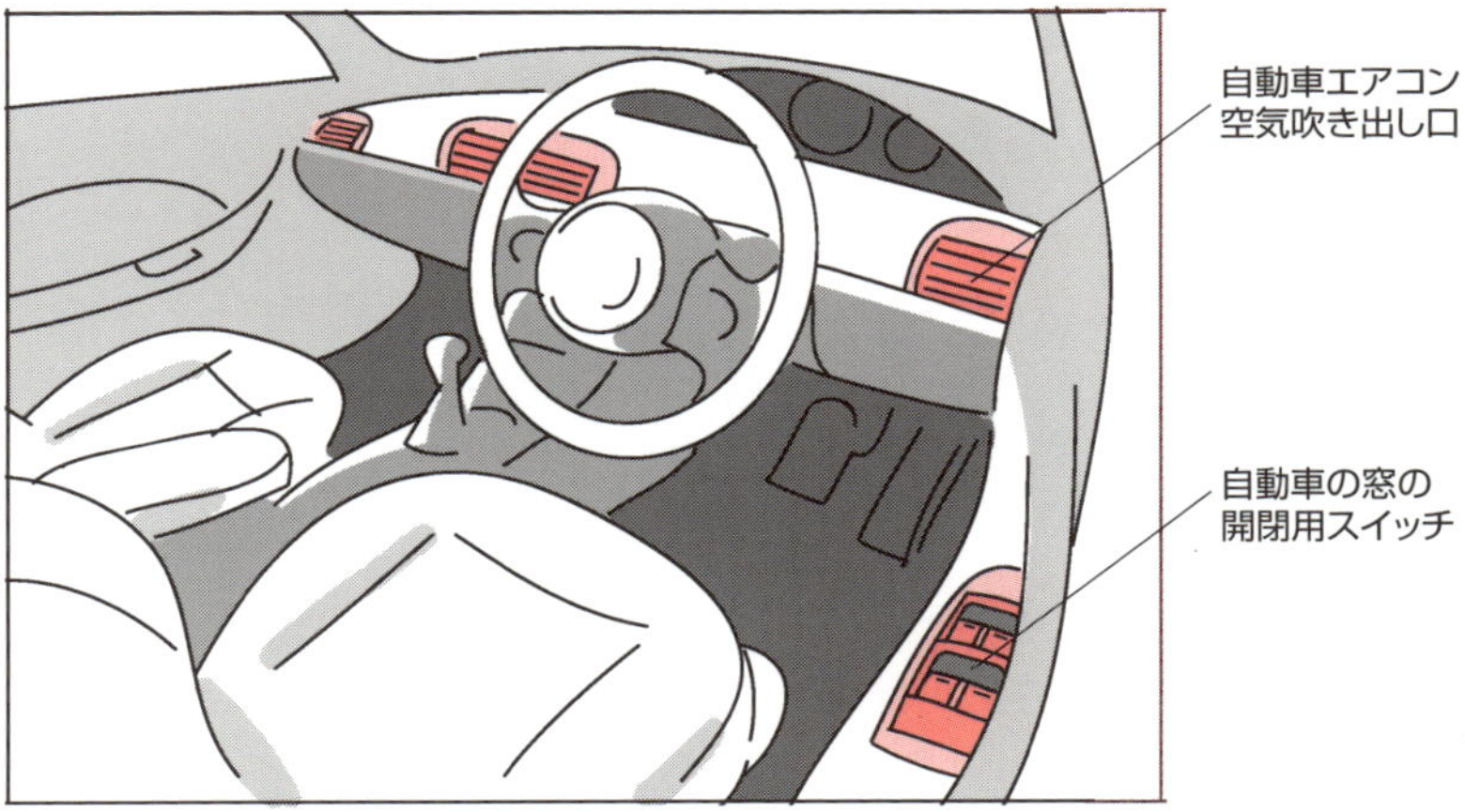

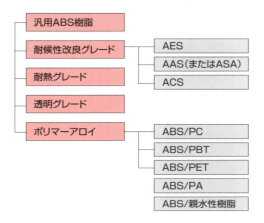

15 塩化ビニル樹脂（PVC）

耐候性と電気絶縁性が主役の用途拡大

　エチレンの1つの水素を塩素で置換したものが塩化ビニルモノマーです。これを重合すると非結晶性ホモポリマーのPVCとなります。PVCは1930年前半から各国でさまざまなグレードが工業化されました。塩化ビニルモノマーはカーバイドを原料とするアセチレンと塩化水素からつくられていましたが、石油化学の進歩と共に、石油からのエチレンと食塩からの塩素でモノマーがつくられるようになりました。ほとんどのPVCは懸濁重合で生産されていますが、ディップ成形やスラッシュ成形に使用されるペーストレジンは乳化重合されています。エチレンの2つの水素を塩素で置換したものが塩化ビニリデンです。これを重合すると融点が200～210℃のバリア性に優れている結晶性の塩化ビニリデン樹脂となります。PVCには可塑剤の添加量による弾性率分類で、硬質と軟質の2種類があります。硬質PVCには熱安定剤・酸化防止剤・滑剤などが添加されていますが、可塑剤の添加量は少量です。軟質PVCには基準的には50部のように多量の可塑剤が添加されていますが、代表的な可塑剤はDOP（ジ2-エチルヘキシルフタレート）で、要求性能によって可塑剤の種類が変更されます。例えば耐寒性にはジオクチルアジペート、耐熱性にはトリメット酸エステル系などです。

　PVCの分野別需要構成では、住宅建設・土木関連用途が最も大きく、弾性率区分では、硬質用と軟質用は2対1程度です。硬質PVCの用途は、押出成形によるパイプ（下水道・農業灌漑用・電線管用など）や雨樋・波板・窓枠・平板および射出成形によるパイプ継ぎ手・排水ます・バルブならびにブロー成形によるボルトなどがあり、電気絶縁性を活用する電気機器分野にも多用されています。軟質PVCでは、床材・壁紙・農業ハウス用フィルム・戸建て住宅の外壁サイディング・電線被覆・レザー・遮水シート・ホースなどがあります。

要点BOX

- ●硬質と軟質による用途の多様化はPVCの特徴
- ●建設・住宅分野で不可欠のプラスチック

塩化ビニル樹脂の種類と分類

- 塩化ビニル樹脂
  - ホモポリマー
    - 硬質塩化ビニル樹脂
    - 軟質塩化ビニル樹脂
    - ペースト状塩化ビニル樹脂
  - コポリマー
    - 酢酸ビニルとのコポリマー
  - ポリマーアロイ
    - PVC/ABS
    - PVC/MBS
  - エラストマー
- 塩化ビニリデン樹脂

塩化ビニル樹脂の特徴

❶比重は1.4と汎用樹脂のなかでは大きいです。
❷無色透明な非結晶性樹脂です。
❸硬質PVCの実用的耐熱性は、約60～75℃程度です。
❹低温衝撃強さのような耐寒性がよくないので、改質剤が添加されます。
❺非結晶性樹脂のため耐有機溶剤性はよくありませんが、耐酸性・耐アルカリ性は良好です。
❻誘電率が大きく、高周波絶縁性はよくありません。 しかしこのために高周波による溶着が可能になります。
❼耐候性が良好です。
❽120～150℃で可塑性になり、170℃以上で溶融します。190℃以上で塩酸を放出しながら熱分解します。
❾酸素指数が45%前後で難燃性です。

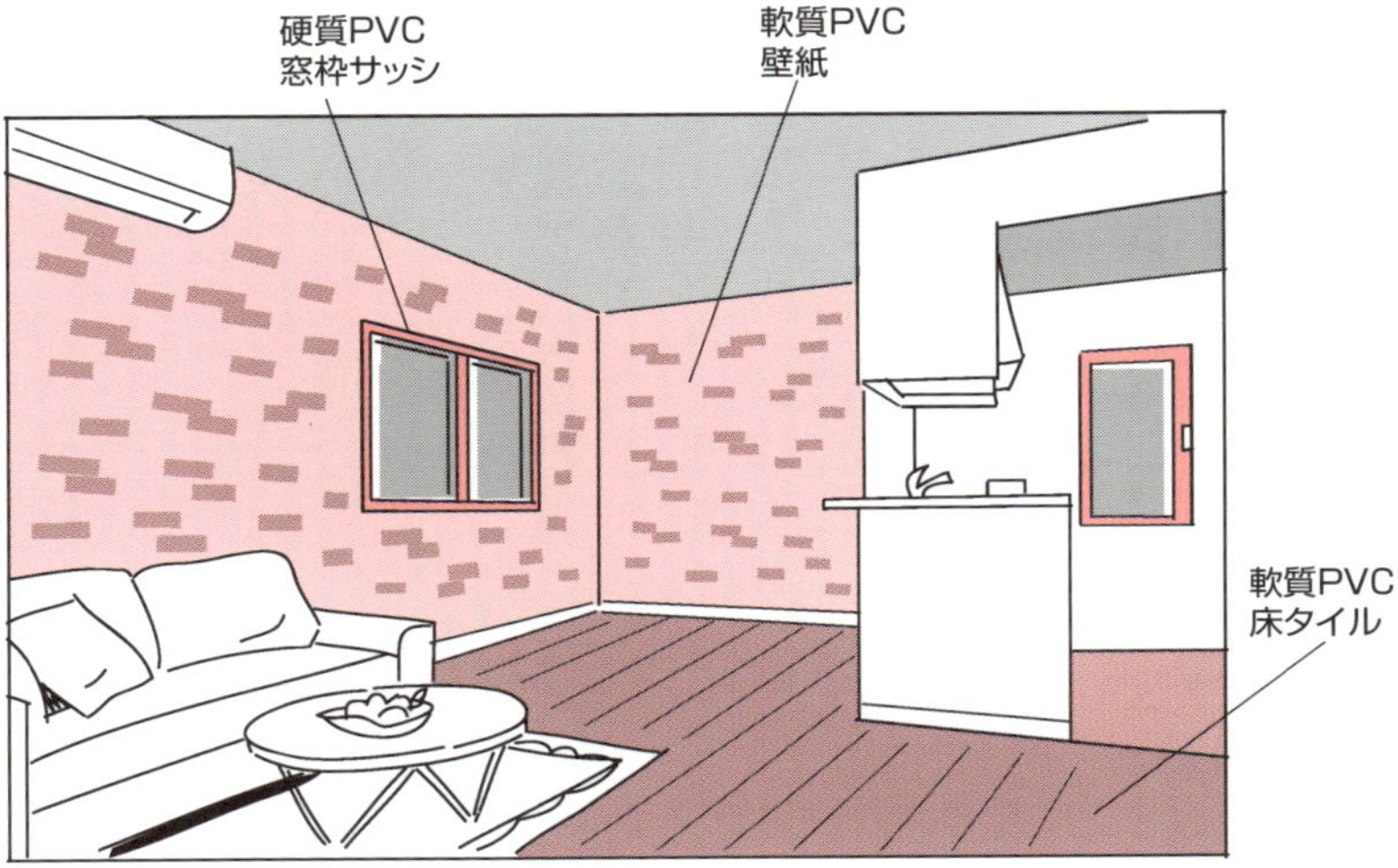

16 ポリメタクリル酸メチル(PMMA)

耐候性と透明性が需要を支える主役

　アクリル系樹脂とは、エチレンの1つの水素をアクリル酸エステルやメタクリル酸エステルに置換したモノマーを重合して得られるもので、1933年にドイツと米国で工業化されたのが最初です。射出成形・押出成形などに使用されるのはメタクリル酸メチルモノマーを重合して得られる非結晶性ホモポリマーのPMMAで、開発当初から航空機の風防ガラスとして使用されています。自動車用部品などでは、熱によって変形する温度が高いグレードの要求があるので、吟味されたモノマーと共重合した耐熱グレードがあります。透明性を維持しての耐衝撃強さ向上には、PMMAと屈折率の近いアクリル系エラストマーとのアロイグレードがあります。MMAは重合速度と解重合速度が等しくなる天井温度が164℃と低いので、熱で溶融して成形する方法では、熱分解防止のために少量のアクリル酸メチルのようなコモノマーとのコポリマーが使用されています。モノマーを直接重合して成形品をつくるキャスト法では成形工程での熱分解の心配がありませんので、このようなコモノマーの添加はありません。このためキャスト法による板と押出成形による板とには、若干の性質の差異が生じます。

　PMMAの需要構成では、樹脂や紙の改質剤および塗料用に使用されるモノマーの比率が、キャスト法・押出成形による板および射出成形用材料よりも大きいことはMMAの用途の特徴です。射出成形される成形品では、透明性・耐候性が活用されてのテールランプ・サンバイザー・照明カバー・メータカバーなどの自動車部品や電機工業用途でのダストカバー・銘板・レンズおよび情報端末などのディスプレー用バックライトの導光板があります。雑貨関係では、眼鏡レンズ・高級テーブルウェア・家庭用水槽などがあり、板の用途では看板・室内装飾・間仕切り・カーポート・サンルームなどがあります。水族館の大形水槽は特筆すべき用途です。

要点BOX

- プラスチックの女王と言われる透明度に優れた樹脂
- 透明性と耐候性が活用されての用途拡大

アクリル系樹脂の種類と分類

- ポリメチルメタクリレート(PMMA)　ホモポリマー
  - 成形用ペレット
  - 押出成形板
  - キャスト法板
- メチルメタクリレート　コポリマー
  - 耐熱PMMA
  - MMA/ポリブタジエン/スチレン
  - アクリルゴム/アクリルニトリル/スチレン
  - MMA/スチレン
- ポリマーアロイ
  - 耐衝撃性改良透明PMMA
  - 永久帯電防止グレード
- 塗料用樹脂
- 接着剤用樹脂
- 高機能性樹脂
  - 高吸収性ポリマー
  - コンタクトレンズ用ポリマー
  - 感光性ポリマー

アクリル系樹脂の特徴

❶透明性プラスチックの中で最も透明度がよいということが、最大の優位点です。
❷耐候性に優れています。
❸荷重たわみ温度は85℃程度。100℃程度の耐熱性グレードもあります。
❹非結晶性樹脂なので有機溶剤には侵されます。またエチルアルコールで応力レベルによってはソルベントクラックを起こします。
❺吸湿率は比較的大きく、100%RH・室温での飽和吸湿率は2.1%です。これによる寸法変化が問題になることもあります。
❻酸素指数は18%で可燃性です。

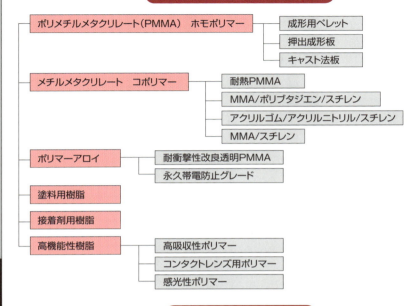

17 ポリエチレンテレフタレート（PET）

非繊維での主用途はボトルとフィルム

PETは、テレフタル酸あるいはテレフタル酸ジメチルとエチレングリコールを重縮合して得られる飽和の半芳香族ポリエステルです。最初の工業化は1949年、英国で繊維用として、続いて52年に米国でも繊維用として工業化されました。成形材料としての使用が遅れたのは、PETの結晶化速度が遅いため、130℃以上と金型温度を高くしないと十分に結晶化が進まず、成形品性能や成形品外観などの問題があったためです。この解決方法の1つとして、70℃程度の金型温度で結晶化が進む易結晶化グレードが開発されて、高温度金型を使用することなく射出成形できるようになりました。

結晶化速度が遅いことのメリットとして、PETは結晶構造が発現しないように急冷却すると透明化しやすいことがあげられます。これによりブロー成形による透明なPETボトルや押出成形による非結晶性のA-PETシートがつくられています。A-PETは真空成形のような熱成形ができ、これにより用途分野が広がります。これに対して結晶化を進めてつくられたシートをC-PETと言い、耐熱性がよいなどを活用しての食品容器などの用途があります。PETは、繊維・フィルムとして多く使用されますが、非繊維用ではボトル・フィルム・シートが多く、射出成形には非繊維用の約3%程度の使用に止まっています。射出成形による成形品にはガラス繊維や無機充填材によって複合強化されたグレードが使用され、融点が256℃と高いことや表面光沢がよいことおよびプラスチックの熱伝導率が小さいことを利用して、小形家電のハンドルや電気炊飯器の熱絶縁性が必要な部品に使用されています。PETは相手樹脂の改質のためにアロイ用としても使用され、PCやABS樹脂のような非結晶性合成樹脂の耐ソルベントクラック性の改良および結晶化速度が速いPBTの表面光沢性改良のためのアロイ相手などがあります。

要点BOX

- PETボトルと共に衣料用繊維として、日常生活を豊かにしている
- 複合グレードは、耐熱性と断熱性の活用

ポリエチレンテレフタレートの種類と分類

- 非強化グレード
- 易結晶化グレード
- 複合グレード（ガラス繊維・無機充填材）
- ポリマーアロイ
  - PET/PBT
  - PET/PC
  - PET/ABS

ポリエチレンテレフタレートの特徴

❶融点が256℃の結晶性樹脂です。
❷結晶性合成樹脂なので耐有機溶剤性や耐油性は良好です。しかし急冷却して結晶構造がない透明なPETは非結晶性なので、結晶構造のあるPETとは耐薬品性は異なります。
❸エステル結合の樹脂なので加水分解します。
❹射出成形に使用される複合グレードの静的力学的性質や疲労強さは良好です。
❺体積抵抗率・絶縁破壊強さなどの電気的性質は優れています。
❻ガス透過率はかなり小さく、2軸延伸したものはさらに小さくなります。
❼酸素指数は26%です。
❽結晶化速度が遅く、射出成形では高い金型温度が必要となります。結晶化速度が遅いことによって、透明化しやすくなることは、PETの大きいメリットの1つです。

18 ポリアミド（PA）

高性能グレードの多様化が進む

PAは、主鎖にアミド結合（—CONH—）を持つ結晶性合成樹脂で、モノマーの種類とその組み合わせによって表のようにさまざまな種類があります。需要量が多いのはPA6とPA66で、日本での構成比率はPA6とPA66の合計が90%程度です。ポリアミドは珍重されていた絹と同じ風合いを持つ繊維を人工的につくる研究成果として、1939年に米国で最初にPA66が工業化されました。それから少し遅れてドイツでPA6による繊維、続いて43年に日本でPA6による繊維の工業生産が開始されました。

成形材料としての開発が始まったのは50年代の後半からです。PA6およびPA66はガラス転移温度の関係で、高温度・高応力下で使用される工業用部品には複合グレードが使用されます。PA66の標準的ガラス繊維強化グレードはガラス繊維が30～33%入っています。マーケットニーズに対応するためガラス繊維や無機充填材の添加量を多くした高剛性グレードやテレフタル酸とトリメチルヘキサメチレンジアミンとによる非結晶性の透明グレードがあります。無水マレイン酸変性エチレンプロピレンゴムを使用するスーパータフPAは特異的な性能を持つグレードです。

PAはポリマーアロイをつくりやすい樹脂で、ABS樹脂の耐ソルベントクラック性の改良、変性PPEとのアロイによる耐熱性・耐ソルベントクラック性のよいグレード、PPとのアロイによる低吸水性・低比重のグレードなどがあります。ポリアミドには元祖バイオマスプラスチックであるひまし油を原料とするPA11やひまし油由来のセバシン酸を原料とするPA610もあります。用途によるグレード選択では、耐熱性・高負荷のものにはガラス繊維強化のPA66やPA6、高いはんだ耐熱を必要とする表面実装技術用では半芳香族系PA、耐薬品性や柔軟性が必要な燃料およびブレーキオイルチューブにはPA12やPA11、フィルム・モノフィラメントにはPA6などがあげられます。

要点BOX

- ●繊維から開発が進んだ
- ●モノマーの種類と組み合せによるグレードの多様化

ポリアミドの種類と基本的性質

	重合様式	種類	モノマーの種類	比重	融点	ガラス[注)]転移温度
脂肪族系ポリアミド	開環重合系	PA6	ε−カプロラクタム	1.13	220℃	65℃
		PA12	ω−ラウロラクタム	1.02	178	54
	重縮合系	PA66	ヘキサメチレンジアミン+アジピン酸	1.14	260	78
		PA46	ジアミノブタン+アジピン酸	1.18	290	78
		PA610	ヘキサメチレンジアミン+セバシン酸	1.09	215	62
		PA11	ω−アミノウンデンカン酸	1.04	187	53
半芳香族系ポリアミド	重縮合系	PA MXD-6	メタキシリジンジアミン+アジピン酸	1.21	243	75
		PA6T	ヘキサメチレンジアミン+テレフタル酸	−	320	125
		PA9T	ノナンジアミン+テレフタル酸	1.14	308	126

注）測定方法によって値が異なります。

ポリアミド6および66の特徴

❶吸湿率・吸水率が大きく、これによって寸法および力学的性質の変化が大きくなります。
❷ガラス転移温度の関係で、高温度・高応力下ではガラス繊維などによる複合グレードが必要となります。
❸結晶性合成樹脂なので耐薬品性は良好です。
❹自己潤滑性があり、耐摩擦摩耗特性は良好です。
❺吸湿率が大きく、電気的性質には不利となりますが、実用的には使用可能な電気的性質を有しています。また吸湿性により静電気発生が少なくなります。
❻日光や紫外線に曝らされるところで使用されるものでは、紫外線吸収剤や顔料による改質が必要です。
❼水蒸気の透過率は大きいが、酸素・窒素・炭酸ガスのバリア性は良好です。
❽酸素指数は27〜28%です。

コイルボビン

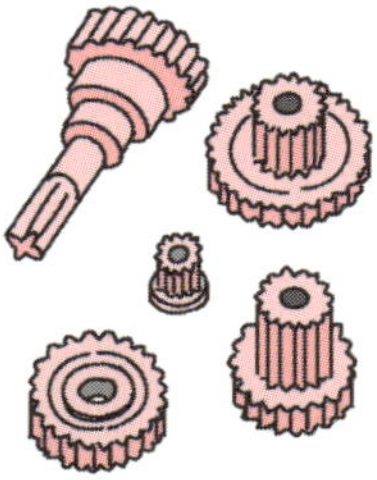
ギヤ類

事務用イスの脚

19 ポリカーボネート（PC）

耐候性と透明性およびアロイ化による需要拡大

PCは分子構造の中に炭酸エステル構造を持つポリマーの総称です。脂肪族系・芳香族系などがあり、工業的に使用されているのは芳香族系PCです。1956年にドイツで初めて工業生産されました。製造方法には、ビスフェノールAを1つの原料とするホスゲン法（溶剤法）とビスフェノールAとジフェニールカーボネートによるエステル交換法（溶融法）がありますが、ホスゲン法が主要な重合方法です。薄肉成形品対応の超高流動性の低分子量から衝撃特性向上のための高分子量までの任意の分子量のポリマーをつくることができます。エステル交換法はホスゲンや溶剤を使用しないので、環境的にメリットがあります。

PCはガラス転移温度が145～150℃と高く、かつ耐寒性にも優れているのは優位点の1つです。この特性とPMMAに次ぐ透明性や耐候性ならびに耐衝撃特性の活用によって、さまざまな分野でのガラス代替の開発が進められています。

PCはアロイ化改質グレードによっての用途展開が成功している樹脂の1つで、耐熱性・衝撃特性のよいPCと流動性のよいABS樹脂とのアロイグレードおよび非結晶性合成樹脂のPCの耐ソルベントクラック対策としての結晶性のPETやPBTとのアロイグレードが代表的なものです。

PCの需要拡大に寄与したものにCD・DVDなどの光ディスクがあり、一眼レフカメラの軽量化に寄与したガラス繊維強化グレードによるカメラボディやレンズ鏡筒などもあります。透明性・耐候性・耐熱性・耐衝撃性による各種自動車部品には、ヘッドランプレンズ・サンルーフ用ガラス代替やABS樹脂とのアロイグレードによるタイヤホイルカバーなどがあります。押出成形によるシートは、カーポート・アーケード・各種建造物の窓ガラス代替・高速道路のフェンスなどの用途があります。医療や保安の分野では、透明性・安全性・耐衝撃性が活用されています。

要点BOX

- ●PCは汎用エンプラ生産量ナンバー1
- ●透明性・耐候性・衝撃強さ・耐熱性などの強みにより、用途は拡大

ポリカーボネートの種類と分類

- 基本ポリマー
  - ホスゲン法（溶剤法）ポリカーボネート
  - エステル交換法（溶融法）ポリカーボネート
- 複合グレード
  - ガラス繊維強化グレード
  - カーボン繊維強化グレード
  - 無機充填材によるグレード
- ポリマーアロイ
  - PC/ABS樹脂
  - PC/PET
  - PC/PBT
  - PC/PMMA
  - PC/熱可塑性エストラマー
  - PC/PAR

ポリカーボネートの特徴

❶比重が1.2で吸湿率が小さい透明度のよい非結晶性合成樹脂です。
❷光学的特性として重要な屈折率は、PMMAの1.49に対して、1.58と大きいです。
❸ガラス転移温度が145～150℃と高く耐熱性が良好で、耐寒性にも優れています。
❹衝撃強さが大きい樹脂です。
❺疲労強さは大きいとは言えません。
❻非結晶性合成樹脂なので、有機溶剤には侵されます。ソルベントクラック防止にも注意が必要です。
❼エステル結合の樹脂なので、加水分解します。
❽耐候性に優れています。
❾絶縁破壊強さ・電気抵抗率・誘電特性などの電気的性質に優れています。
❿酸素指数は25%です。

電動ドリルハウジング

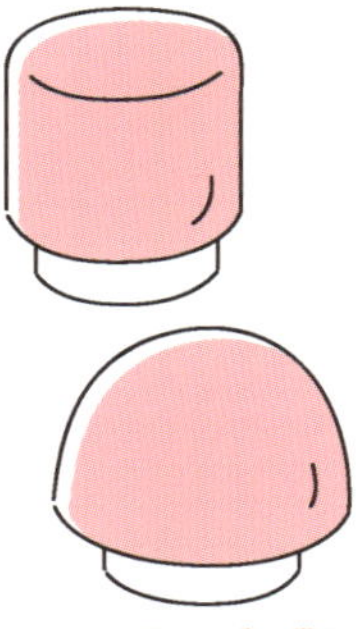

照明カバー類

カーポートの屋根

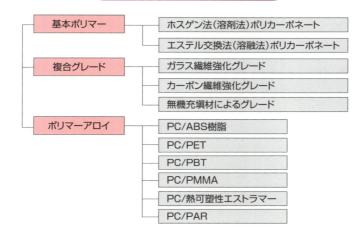

20 ポリアセタール（POM）

金属代替可能なエンプラの第1号

POMにはホモポリマー（単独重合体）とコポリマー（共重合体）があります。メタノールの酸化によるホルムアルデヒドを高純度に精製して重合したのがホモポリマーですが、熱安定性が不安定なことにより、工業化研究に時間がかかり、1960年になって米国で〝金属に挑戦する樹脂〟をキャッチフレーズとして工業化されたのが最初です。これに対して、ホルムアルデヒドの3量体のトリオキサンを精製し、これにエチレンオキサイドのような環状エーテルをコモノマーとして少量添加して重合したのがコポリマーで、62年に米国の別の会社が企業化しました。コモノマーの有無によって、融点はホモポリマーが約175℃、コポリマーが約165℃で、短期的性質・長期的性質にそれぞれ優劣があります。近年重合技術および安定化技術の進歩によって、ポリマー自体を変性し、結晶部を制御することにより分子骨格レベルでの改質が進み、ホモポリマーより融点が5℃程度低いホモポリマーとコポリマーの中間的性質を有する高剛性コポリマーが開発されています。POMはガラス転移温度がマイナス温度側にあるにもかかわらず、非強化グレードでもエンプラとして必要とされる性能が発揮されるので、非強化グレードとしての使用比率が大きいという特徴があります。

POMは亜鉛ダイカストの代替から開発が始まり、自動車部品ではハンドル類・ドアロック・カーヒータファン・各種ギヤ・クリップ類・コンビネーションスイッチベースなどに採用されました。家電では初期開発に扇風機のモータ支えがありましたが、ABS樹脂に転換されました。自転車のランプ部品は初期の時代に金属からPOM化されたものですし、自転車減速機用のスプロケットは初期開発の部品です。ばね弾性活用の部品はPOMの特徴の1つですが、ボールペンノック・ワンタッチジョイントなどがあげられます。摺動特性利用のギヤ・プーリ・軸受・ローラ・テーブルトップチェーンなどもあります。

要点BOX

- 金属に挑戦するエンジニアリングプラスチック
- 非強化グレードでも、エンプラ的特性を発揮
- 優れたばね弾性と摺動性などが強み

ポリアセタールの種類と分類

- ホモポリマー（各種重合度のグレード）
- コポリマー（各種重合度のグレード）
- 高剛性コポリマー
- 複合グレード
  - 摺動グレード
  - 高衝撃・柔軟性グレード
  - 帯電防止グレード
  - 導電性グレード
  - 繊維強化グレード
  - 高剛性低そりグレード
  - 耐候性グレード
  - 特殊機能性グレード

ポリアセタールの特徴

❶非強化の標準グレードで、金属代替可能な力学的性質を有する結晶性合成樹脂です。
❷ガラス転移温度が−60～−80℃と低く、実用温度範囲ではゴム状態で使用されることになります。
❸荷重たわみ温度および熱劣化基準の耐熱性は、汎用エンプラとして100℃以上です。
❹疲労強さは非強化の樹脂の中では大きいです。
❺結晶性合成樹脂なので、耐有機溶剤性・耐油性・耐グリース性は良好です。しかし耐アルカリ性はホモポリマーとコポリマーとで差異があります。
❻無機酸・有機酸に侵されます。塩素系薬品で分解されます。
❼自己潤滑性があり、摩擦摩耗特性に優れています。
❽紫外線で劣化しやすい樹脂です。
❾水蒸気・アルコールは透過しますが、有機溶剤・窒素のバリア性は良好です。
❿酸素指数が15～16%と小さいため、実用的には難燃グレードはありません。

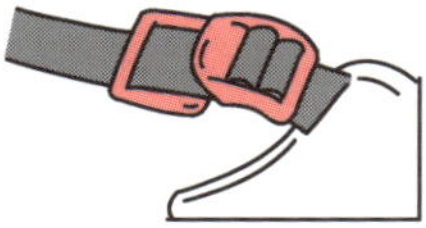
アジャスト

生糸操糸機小枠

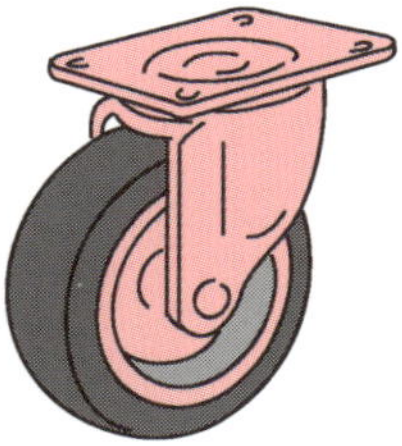
キャスター

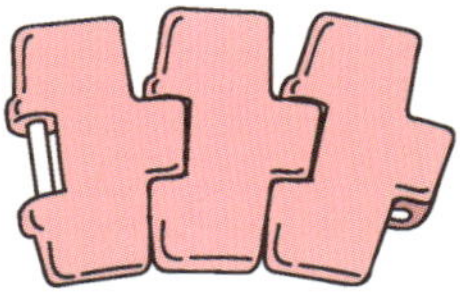
食品工場で使用されている
テーブルトップチェン

21 ポリブチレンテレフタレート（PBT）

自動車電装化に寄与するエンプラ

　PBTは、エステル結合を分子内に持つ熱可塑性ポリエステルの1種です。熱可塑性ポリエステルには図に示す各種のものがありますが、工業的生産量が多いのは半芳香族系のPETとPBTです。最初に工業化されたのはPET繊維ですが、成形材料としては1970年に米国でガラス繊維強化PBTグレードが発表され、翌71年に工業生産を開始しました。PBTは、テレフタル酸と1・4ブタンジオールを直接エステル化するとか、テレフタル酸ジメチルと1・4ブタンジオールとでエステル交換してビスヒドロキシブチレンテレフタレート（BHBT）をつくり、これを高温度・減圧下で重縮合してつくられます。

　標準グレードは、ガラス転移温度の関係からガラス繊維が30%入っていますが、成形収縮率の異方性による成形品のそり変形が発生しやすく、この対策としてガラス繊維とアスペクト比の小さい充填材との混合使用や非結晶性合成樹脂とのアロイ化によるポリマーの使用による低そり・高剛性の多様な複合グレードが開発されています。またPBTの用途分野が多い電子・電気分野では、難燃性の法規制および難燃剤の環境問題、安全性問題に関する法規制が厳しく、これに対応するグレード開発が鋭意行われ、さまざまなグレードがラインアップされていることも特徴です。

　従来、需要構成比率が最も大きかった電気・電子分野が海外展開の影響で低下し、自動車の電装化の進展により自動車分野に逆転されています。自動車分野では、ワイヤハーネスコネクター・イグニッションコイルボビン・各種スイッチ・リレー・排気対策用バルブなどがあり、電気・電子部品としては、コネクタ・コイルボビン・端子台・ソケット・センサ部品などがあります。OA機器分野のキーボードのキートップは文字摩耗防止のために含浸印刷が使用されています。フィルム分野では、容器トップフィルムや食品包装の用途開発も進展しています。

要点BOX

●多彩な熱可塑性ポリエステルの一員
●自動車の電装化の進展が需要拡大の追い風になっている

熱可塑性ポリエステルの種類と分類

- 半芳香族ポリエステル
  - ポリエチレンテレフタレート(PET)
  - ポリブチレンテレフタレート(PBT)
  - ポリシクロヘキサンジメチレンテレフタレート(PCT)
  - ポリエチレンナフタレート(PEN)
- 脂肪族ポリエステル
  - ポリ乳酸
  - ポリブチレンサクシネート など
- 全芳香族ポリエステル
  - ポリアリレート(PAR)
  - 液晶ポリマー(LCP)
- PBT複合グレード
  - 低そり高剛性グレード
  - 難燃グレード
- ポリマーアロイ
  - PBT/PET
  - PBT/PC
  - PBT/ABS樹脂

ポリブチレンテレフタレートの特徴

❶融点が225～228℃の結晶性合成樹脂です。
❷吸湿率・吸水率が小さく、寸法・力学的性質・電気的性質の変化が少ないです。
❸ガラス転移温度の関係で、標準グレードはガラス繊維30%入りです。
❹結晶性合成樹脂なので耐有機溶剤性は良好です。
❺エステル結合の樹脂ですから加水分解します。
❻耐候性は、結晶性合成樹脂としては良好です。
❼絶縁破壊強さ・電気抵抗率・耐アーク性などの電気的性質は良好です。難燃グレードの耐トラッキング性が徐燃性グレードより小さくなるのは留意点です。
❽酸素指数は徐燃グレードで20%程度です。

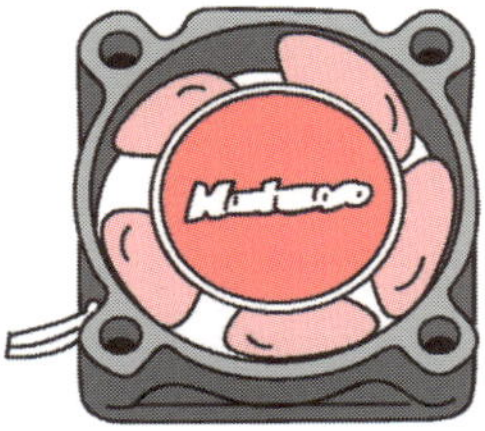

OA機器のクーリングファン

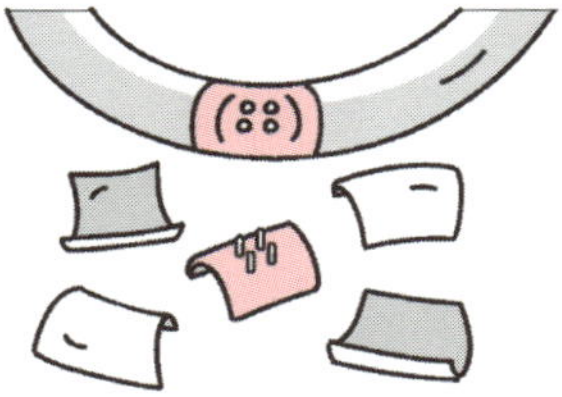

蛍光灯の口金

排気公害対策バルブ

22 変性ポリフェニレンエーテル

アロイグレードで活路を開く

　ガラス転移温度が215℃の耐熱性のよい2・6ジメチルフェニレンエーテルのポリマーのPPEは、1964年に米国で工業化されましたが、溶融粘度が高く開発当時の射出成形機の性能および成形技術レベルでは成形が容易でなかったことと、このような高い耐熱性樹脂のマーケットニーズがまだ少なかったことで、開発は進みませんでした。その後PPEがPSと完全相溶タイプのアロイ化ができることが分かり、耐熱性や力学的性質などを若干犠牲にして、流動性が改良されたPPEとPSとのアロイが変性ポリフェニレンエーテル（m-PPE）として66年に上市されました。m-PPEの標準グレードはPPEとPSとの1対1の混合比で、相溶化剤を必要としない完全相溶性のアロイです。ガラス転移温度および荷重たわみ温度は、図のように配合比に対して加成性があるので、任意の配合比率のグレードをつくることができます。しかし強さや弾性率のような力学的性質は交互作用（相乗効果）によって図のように配合比に対して直線的関係とならず、力学的性質の極大点が現れます。非相溶型アロイとしては吸湿性と耐熱性の改質を分担するPPEと耐ソルベントクラック性を分担するPAとのアロイがあり、このアロイはPAによる吸湿性が大きいことが問題点です。相溶化剤の選択によってPPに基づく低吸湿性と小さい比重をメリットとするPPEとPPとのアロイの開発があります。

　世界の需要構成では、自動車分野が最も多く、電気・電子分野と家電・OA分野がこれに続いています。自動車分野の用途には、PAとのアロイグレードによるフェンダー・ハッチバックのドアパネルやエンジンルーム内のジャンクションボックス、電気・電子分野では、テレビ用の各種部品や耐熱性・難燃性・電気的性質などによるACアダプター、OA分野では、高剛性グレードによる各種シャーシなどがあります。耐熱水性が活用される部品も特徴的です。

要点BOX

- ●PPEとPS系樹脂との相溶性アロイの発見で活路が開けた
- ●相溶化剤技術の進歩によりグレードが多様化

変性ポリフェニレンエーテルの種類と分類

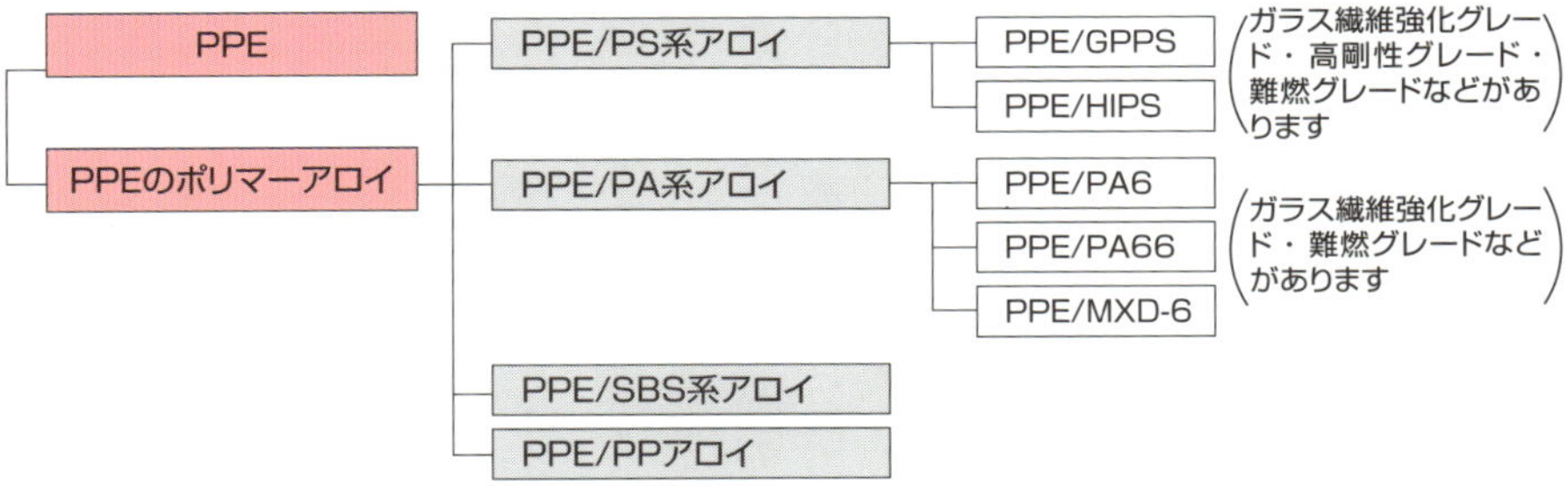

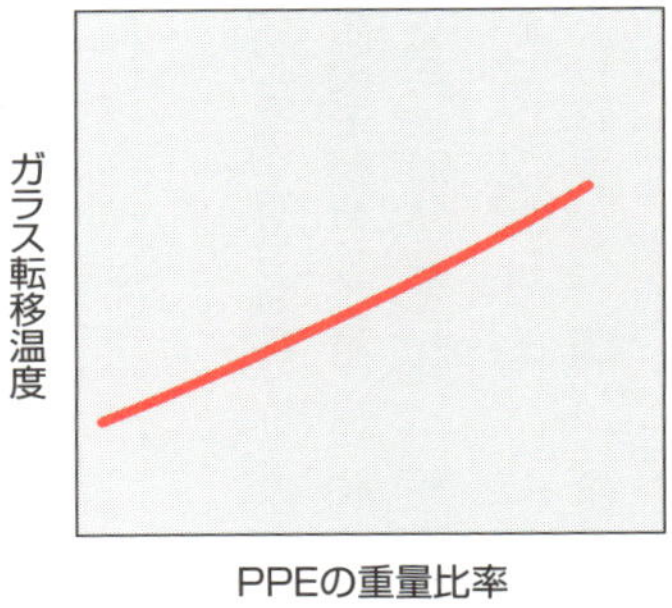

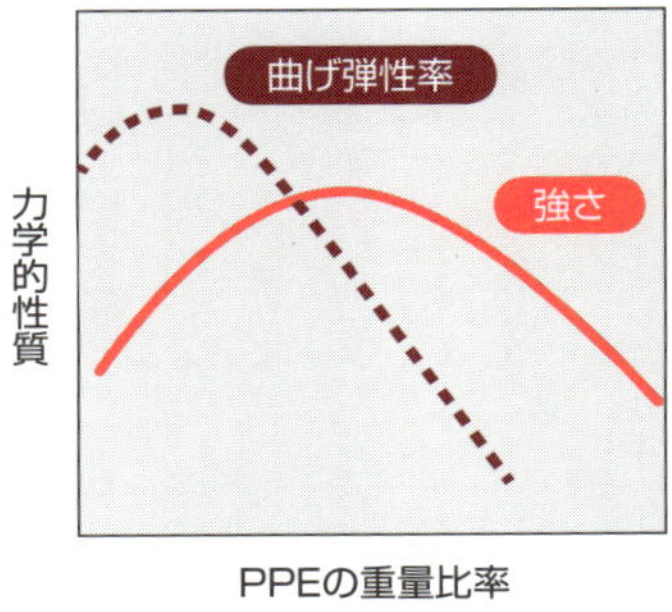

変性ポリフェニレンエーテルの特徴

PPEとPSとの1対1標準グレード

❶比重は汎用エンプラで最も小さく1.06です。
❷吸湿率が小さく、JISによる23℃での24時間浸漬では0.1%。平衡吸水率でも0.14%です。
❸ガラス転移温度は145℃前後で、耐熱変形性が良好で、耐熱劣化温度も100℃以上です。
❹非結晶性合成樹脂なので耐有機溶剤性はよくありませんが、酸・アルカリ性薬品には侵されません。また化学構造的に耐熱水性は良好です。
❺誘電特性や電気絶縁性などの電気的性質に優れています。
❻耐紫外線性はよいとは言えません。
❼無毒で食品や医療の用途に使用できます。
❽酸素指数は22.5%です。

複写機紙送りユニット構造体
（全体と構造体）

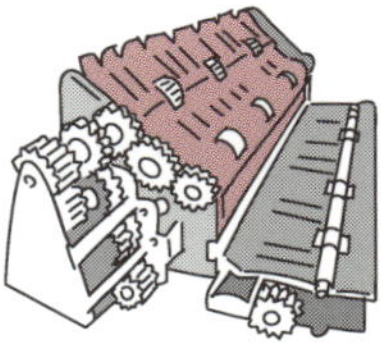

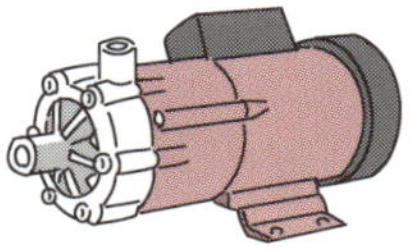

温水用ポンプのハウジング、インペラー

23 ポリフェニレンスルフィド(PPS)

架橋グレードと直鎖グレード

PPSはフェノール樹脂と同じ時代にその存在は確認されていましたが、1973年に米国で初めて工業化されました。ベンゼン環と硫黄が交互に繰り返される構造を持つ結晶性合成樹脂で、パラジクロールベンゼンと硫化アルカリを反応させてつくられました。開発初期には重合工程だけで高分子量のポリマーが得られなかったため塗料用などに使用されていましたが、その後重合したものを洗浄・乾燥の精製工程を経てから、適切な分子量まで酸素の存在下で熱架橋して高分子量ポリマーをつくることができるようになりました(架橋型PPS)。84年にPPSの基本特許が失効したのを機に研究が進み、重合工程だけで目的の分子量のポリマーをつくることができるようになりました(直鎖型PPS)。この両者の中間的なものに半架橋型PPSがあります。架橋型PPSより長い高分子鎖のものを重合して、それを熱架橋したものです。溶融粘度の低いPPSでは強化材や無機充填材の添加量を多くできますが、標準グレードはガラス繊維40%入りです。優れた難燃性を活用して、ハロゲン系難燃剤の規制が厳しい電気電子部品に使用されるほか、樹脂のアロイ化の相手材として利用されることがあります。

PPSの用途は、耐熱性・高剛性・電気的性質・難燃性などが活用されて、コネクタ・スイッチ・モータブラッシホルダー・端子台などの部品が、電気・電子分野や自動車の電装化部品として使用されます。また耐熱水性・耐薬品性に優れていることから、給湯器配管・高温水用のポンプ部品・サニタリー部品などに使用されています。直鎖状PPSでは高重合度グレードがつくれますので、繊維やフィルムとしての用途展開があります。PPSは、溶融粘度が低く流動性がよい、フィラーの充填量を多くできるメリットがありますが、金型腐食性および溶融粘度のせん断速度依存性に基づくばりの発生は留意点です。

要点BOX

- ●架橋による高分子量化のものと重合技術の進歩による直鎖型がある
- ●耐熱水性が優れたエンプラ

ポリフェニレンスルフィドの種類とグレード

- ポリマーの種類
  - 架橋型ポリマー
  - 半架橋型ポリマー
  - 直鎖型ポリマー
- PPSのグレード
  - ガラス繊維強化グレード
  - ガラス繊維と無機フィーラーの複合グレード
  - カーボン繊維強化グレード
  - 摺動グレード
  - チタン酸カリウイスカ強化グレード

ポリフェニレンスルフィドの特徴

❶融点が280～290℃の結晶性の樹脂です。
❷結晶化度の大きい樹脂ですが、結晶化速度が遅いので、140～150℃のような高い金型温度で成形しないと、十分に結晶化しません。
❸非強化グレードの比重は1.3です。ガラス転移温度の関係で、標準グレードはガラス繊維40%入りとなり、そのグレードの比重は1.7弱になります。
❹ガラス繊維40%入り標準グレードの疲れ強さは約40MPaで、プラスチックとしては大きい値を有しています。
❺結晶性合成樹脂で耐薬品性は良好です。強酸化剤・強酸を除く薬品に対して不活性です。
❻耐熱水性に優れています。
❼電気絶縁性に優れているほか、化学構造から誘電特性にも優れています。
❽酸素指数は44%です。
❾溶融粘度が低く、かつ結晶化速度が遅いことにより射出成形で「ばり」が発生しやすいことおよび金型腐食性があることは留意点となります。

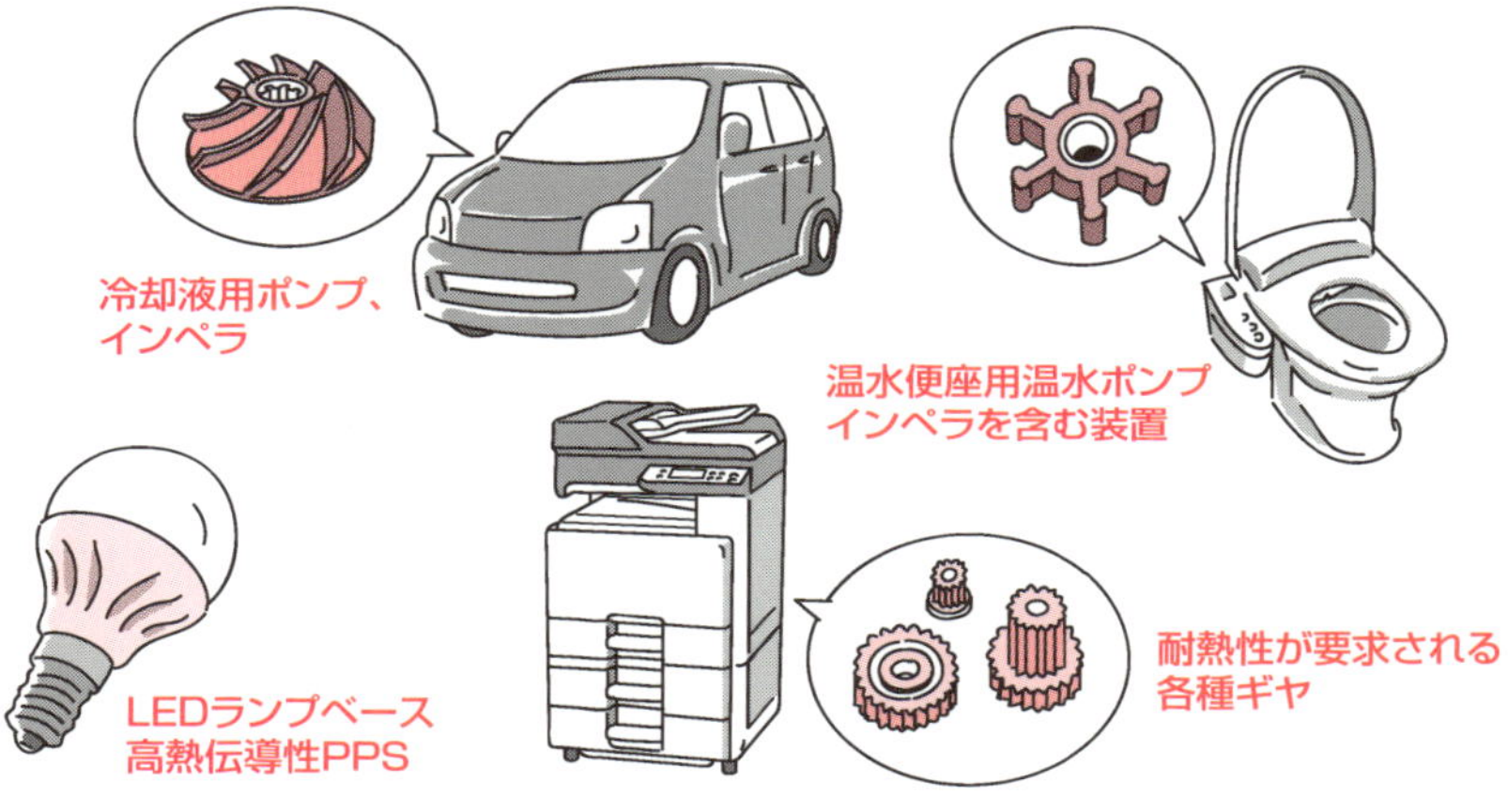

24 液晶ポリマー（LCP）

コネクタの多様化を支えるエンプラ

LCPとは、溶融状態または溶液状態で光学的異方性を有するポリマーと定義されていますが、溶融状態で液晶性を示すサーモトロピックタイプは全芳香族系液晶ポリエステルで、射出成形や押出成形のような熱で溶融しての成形ができます。溶液状態で液晶性を示すライオトロピックタイプは全芳香族系液晶ポリアミドで、溶液の紡糸によって耐熱性のよい特殊繊維がつくられます。

LCPが最初に米国で上市された1972年には、LCPの概念はありませんでした。LCPとしては、米国でPETの耐熱性向上のためにp-ヒドロキシ安息香酸で変性した液晶性ポリエステルポリマーが76年に公表されたのが最初です。その後84年に米国の他社がさまざまなタイプのLCPを公表しましたが、これらが現在の耐熱性のよいLCPの最初のものです。全芳香族系液晶ポリエステルは、ヒドロキシ安息香酸を基本構成要素とし、組み合わせるモノマーの種類・量によってさまざまなグレードがつくられています。

LCPは表面実装用のコネクタや電子部品などの需要量が多く、はんだ耐熱性が重要な要求特性の1つで、グレードの分類は耐熱変形の指標である荷重たわみ温度によるものが主流になっています。リフローはんだ方法や鉛フリーはんだの使用により、高い耐熱温度が必要となっているので、モノマーの選択とその組み合わせや重合技術の高度化によって超耐熱グレードの開発が鋭意行われています。またコネクタは薄肉化・小形化・ファインピッチ化が進んでいますが、これによって発生する成形不良を防止するために、超高流動性・ウエルド強さ向上・流動配向に基づく成形収縮率の異方性によるそり変形対策のグレード開発があります。LCPの優れた速い結晶化速度がこれらの大きい要因になるとして、結晶化速度を遅くする事によって、これらの問題を解決するグレードの開発が行われています。

要点BOX

- ●モノマーの種類と組み合せによりグレード展開は多彩
- ●需要構成の60数パーセントがコネクタ向け

液晶ポリマーの種類と分類

- 全芳香族系ポリアミド
- 全芳香族系ポリエステル
  - 超耐熱タイプ
  - Ⅰ型（荷重たわみ温度300℃以上）
  - Ⅱ型（荷重たわみ温度250～270℃）
  - Ⅲ型（荷重たわみ温度230℃以下）

- 全芳香族系ポリエステルのグレードバラエティ
  - ガラス繊維強化グレード
  - カーボン繊維強化グレード
  - 高剛性・低そりグレード
  - 高流動性グレード
  - 摺動グレード
  - 誘電率制御グレード
  - めっきグレード

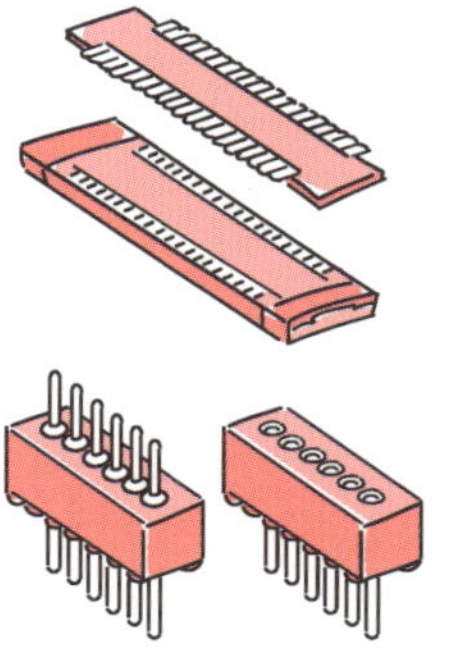

ファインピッチコネクター
各種コネクター

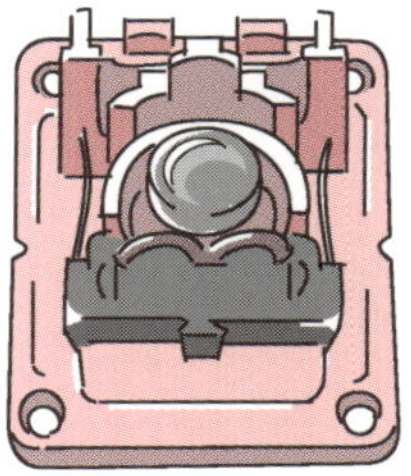

CD用
ピックアップユニット

液晶ポリマーの特徴

❶LCPは、使用されるモノマーの種類とそれらの組み合わせによって、耐熱性および流動性が異なるグレードがありますが、一般に荷重たわみ温度が高い順からI型・Ⅱ型・Ⅲ型と分類されています。
❷荷重たわみ温度が高いI型の標準グレードはガラス繊維40%入りで、Ⅱ型は30%入りです。
❸流動方向に剛直な高分子鎖が配向して、流動方向の性質が強化されますが、これを自己補強効果と言います。この半面、直角方向は補強されないので、性質の異方性が大きくなります。
❹LCPは電子電気部品に多く使用されるので、はんだ耐熱温度が重要な性質となります。
❺結晶性合成樹脂なので耐有機溶剤性は良好です。
❻エステル結合の樹脂ですから加水分解します。
❼電気絶縁性に優れています。
❽振動吸収性に優れています。
❾水蒸気・酸素のバリア性に優れています。
❿結晶化速度が速いのは大きい優位点です。

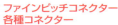

25 ポリアリレート（PAR）

アロイによるグレードの多様化

PARとは、二価フェノールと芳香族ジカルボン酸との重縮合による樹脂と定義されている全芳香族ポリエステルで、さまざまなPARがあります。工業化されているエンプラとしては、ビスフェノールAとテレフタル酸とイソフタル酸の1対1くらいの混合フタル酸とで共重合した非結晶性合成樹脂で、1975年に日本で最初に工業化されました。基本グレードは、PCより熱変形的な耐熱性が高く、PCと類似の一般的性質を有していますが、マーケットニーズに対応するためにさまざまなアロイグレードが開発されています。

相溶型ポリマーアロイとしては、互いに化学構造が似ているので透明となるPETとのアロイは成形性や耐ソルベントクラック性が改良されますし、PCとのアロイはPARの流動性、PCの耐熱性・耐候性が改質されます。非相溶型ポリマーアロイには、耐薬品性・摺動性・耐熱性が改良されたPAとのアロイグレードがあります。摺動性の改良のためにフッ素樹脂が添加されているグレードやガラス繊維による高剛性グレードおよびアスペクト比が小さい充填材による表面平滑性のよい複合グレードなどもあります。

部品に対する要求性能によってグレードが選定されますが、基本グレードおよびPCとのアロイグレードは、PCでは耐熱性が不十分なフォグランプ・インナーグローブ・カメラストロボリフレクタ・パトライトリフレクタなどの用途です。このグレードをベースとする高剛性グレードが光ディスクドライブ関連の精密部品に使用されています。PETとのアロイグレードは、耐熱性・耐薬品性・透明性が活用され、電気・電子部品やセンサレンズ・オイルゲージ・照光スイッチレンズなどに使用されています。このグレードに特殊なミネラルを配合した表面平滑性のよいグレードがあります。PAとのアロイグレードは、耐熱性・耐薬品性が優れた複合グレードで、良外観性が活用されてのガスコックつまみがあります。

要点BOX

- ●PCより耐熱性が優れている
- ●アロイ化で需要開拓を進めている

ポリアリレートの特徴

❶透明な非結晶性合成樹脂です。
❷ガラス転移温度はPCよりやや高く、193℃なので、耐熱変形性に優れています。
❸熱劣化基準の連続使用温度は130～140℃です。
❹耐寒性もPCのように優れています。
❺弾性回復可能な変形領域が広く、変形回復がよいのは優位点の1つです。
❻疲労強さはPCのようによいとは言えません。
❼非結晶性合成樹脂ですので、耐有機溶剤性はよいとは言えません。
❽エステル結合の樹脂ですので加水分解します。
❾電気的性質に優れています。
❿耐放射線性に優れています。

ポリアリレートの用途例

電子レンジ

電子レンジ対応容器

目薬の容器

時計枠

自動車用レンズや室内灯・パトライトのレンズ
それらのリフレクタ（反射板）

26 ポリサルホン（PSU）

医療や食品産業に有用な樹脂

サルホン系樹脂とは、分子内に$-SO_2-$結合を持つポリマーで、芳香族とアルキル系があり、ポリサルホン・ポリエーテルサルホン・ポリフェニールサルホンなどがあります。

PSUは、ジクロルジフェニルサルホンとビスフェノールAとの重縮合によるエンプラとして使用されるコポリマータイプの芳香族系サルホン樹脂で、1965年に米国で上市されたのが最初です。日本には70年に米国から輸入されました。標準グレードには、重合度の異なる非強化グレードとガラス繊維強化グレードがあります。

用途分野としては、透明性・耐熱性・耐寒性・耐熱水性・耐滅菌性・食品が接触する部品や医療関連機器などに対する国際的な法規への適合性などの特性により、食品産業機器・医療機器・水回り部品などに使われています。食品産業分野では、衛生性・軽量性・透明性・耐衝撃性・各種殺菌処理に対する抵抗性などの特性により、酪農機器・調理機器・濾過関連機器・コーヒメーカ・デカンタ・給食システムなどに使用されています。医療分野では、食品産業分野と同じ理由で、消毒用部品・滅菌トレイ・カテーテル部品・呼吸装置部品・内視鏡部品・透析膜・動物実験飼育箱の部品などに使われています。水回り分野では、耐熱水性・耐スチーム性・食品衛生性・耐薬品性・耐衝撃性などが活用されますが、長期耐久性が必要となる工場内での配管・蛇口・混合栓などに金属材料代替などとしても使用されています。また飲料水浄化・海水の淡水化・医療用超純水化などには各種の樹脂による平膜・中空糸が目的に応じて使用されていますが、これらの分野でPSUの特徴を活用しての使用があります。電気・電子分野では、耐熱性・難燃性・誘電特性などにより、電子レンジ部品・ICキャリア・プリント基板・コイルボビンなどが用途です。

要点BOX

- 透明で耐熱性・耐熱水性・耐滅菌性に優れている
- 食品や医療関連機器に対する国際法規に適合する

ポリサルホンの特徴

❶琥珀色の透明な非結晶性合成樹脂です。
❷ガラス転移温度が190℃と高く、耐熱変形性に優れています。
❸熱劣化基準の連続使用温度は160℃です。
❹耐寒性にも優れています。
❺非結晶性合成樹脂ですので、ケトン類・エステル類・芳香族炭化水素・塩素系炭化水素には溶解しますが、アルコール類・脂肪族炭化水素には耐性があります。
❻加水分解せず、アルカリ性薬品にも侵されません。
❼加熱スチームによる殺菌(132℃)にも十分に耐えます。
❽電気絶縁性・誘電特性などの電気的性質は良好です。
❾食品が接触する部品・医療関連機器・配管関連機器などの安全性法規に適合しています。
❿マイクロ波には耐性があります。また電子レンジに使用されるマイクロ波を通過するので電子レンジ用食器として使用できます。
⓫X線やガンマー線に対しても安定です。
⓬酸素指数は30%です。

ポリサルホンの用途例

電子レンジ対応容器

牛乳の搾乳機

コーヒーメーカ

透明プラスチック
サニタリー配管システム

27 ポリエーテルサルホン（PES）

PSUより耐熱性のよい樹脂

PESは、ジクロロジフェニールサルホンとジヒドロキシジフェニールサルホンカリュウム塩との重縮合によって得られるポリマーで、化学構造的にはPSUがコポリマーであるのに対して、PESはホモポリマーです。1972年に英国で上市されたのが最初ですが、日本には75年から輸入販売が始まりました。

非強化グレードには、射出成形標準グレードと高流動グレードおよび押出成形と射出成形にも使用される高分子量グレードがあります。複合グレードには、ガラス繊維20～30%入りのものや摺動性改良グレードがあります。

電気電子分野では、耐熱性・低アウトガス性・寸法安定性・耐洗浄性・低ばり性などにより、リレー部品・コイルボビン・スイッチ・コネクタ・各種センサケース・ICソケット・ヒューズケースなどの用途があります。自動車・機械分野では、広い温度範囲での高い剛性・寸法安定性・耐クリープ性・耐薬品性・摺動性などにより、ギヤボックス部品・ブレーキシャフト部品・スラストワッシャ・ランプリフレクターなどに使用されています。OA機器分野では、寸法安定性・耐クリープ性・摺動性などにより、複写機やプリンタの無給油軸受・光ピックアップなどに使われています。水回り分野では、耐熱水性・耐スチーム性・寸法安定性・耐クリープ性などにより、熱水用バルブ・配管継ぎ手・温水ポンプなどに使用されています。医療分野および食品分野では、安全性・耐殺菌性・透明性・靭性などにより、各種の殺菌方法に対応する容器・歯科用機器の部品・各種検査用機器の部品や食品工業用のパイプ・バルブ類などの用途があります。コーティング分野では、PESを溶剤に溶解した塗料で、金属材料との密着力が大きい・塗膜の表面硬度が大きい・塗膜と食品とが密着し難いなどの利点が活用されての用途があります。透明性・光学特性・耐熱性・耐薬品性が活用されてフィルムでの用途もあります。

要点BOX

●PSUより耐熱性が優れた樹脂
●耐熱性・耐熱水性・耐滅菌性の活用で需要を開拓

ポリエーテルサルホンの特徴

❶PESはPSUより若干濃い琥珀色の非結晶性合成樹脂です。
❷化学構造からPESはPSUよりガラス転移温度が220～225℃と高く、熱変形的な耐熱性も優れています。
❸熱劣化的な連続使用温度は180℃前後で、これもPSUより高い温度です。
❹非結晶性合成樹脂ですので、耐有機溶剤性はよくありませんが、濃硫酸や濃硝酸を除く酸やアルカリ性薬品および脂肪族炭化水素には耐性があります。
❺耐熱水性や耐スチーム性に優れ、160℃の加圧水蒸気にも耐えます。
❻電気的性質は、200℃を越える温度まで優れた誘電特性・電気抵抗率を有しています。
❼食品衛生に対する安全性が高く、各種の滅菌法に対しても耐性があります。
❽紫外線による変色や劣化を起こします。
❾酸素指数は38%です。燃焼時の発煙量が少ないのは優位点です。

ポリエーテルサルホンの用途例

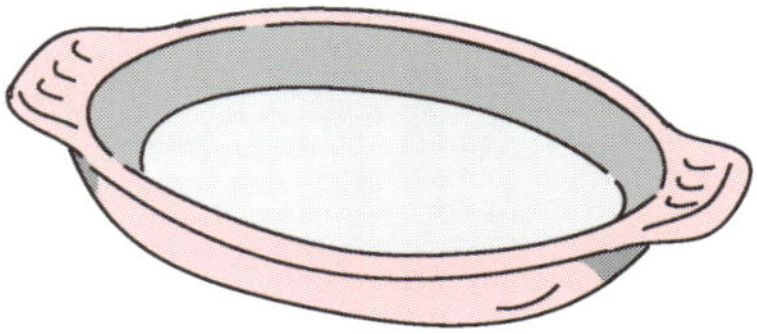
耐熱食器

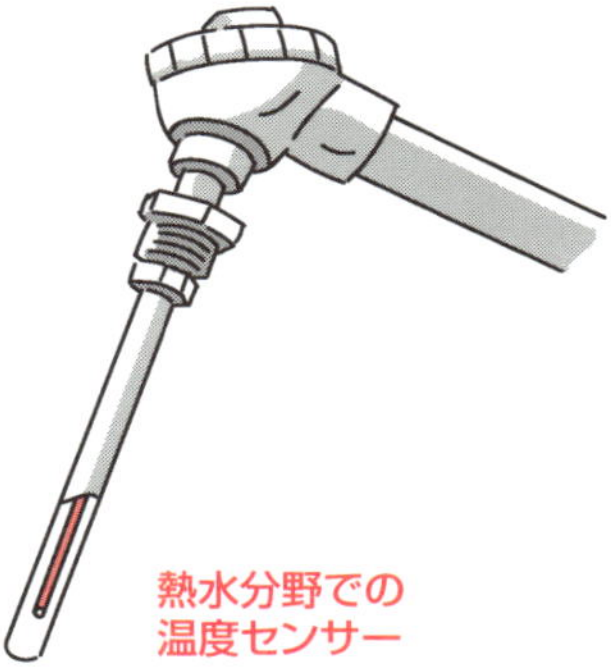
熱水分野での温度センサー

滅菌ボックス

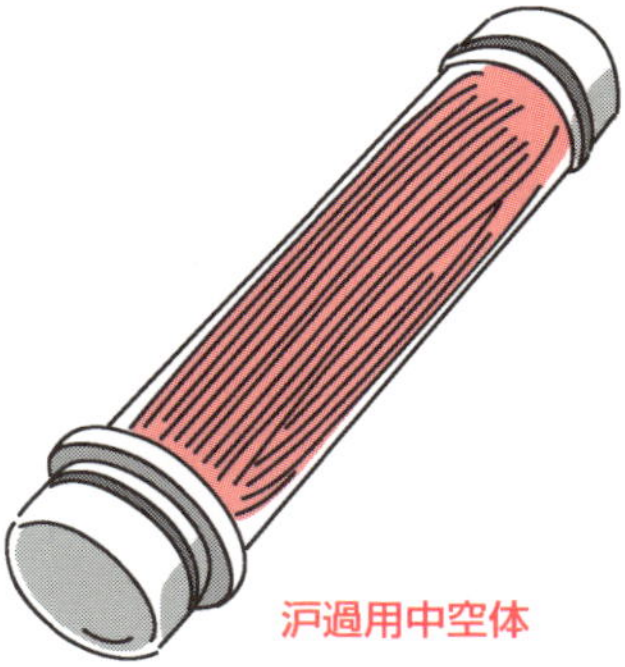
沪過用中空体

28 ポリエーテルエーテルケトン(PEEK)

性質の信頼性が高いプラスチック

ケトン樹脂は、カルボニル基とエーテル基が連結した芳香族ポリマーで、ポリケトン・ポリエーテルケトン・ポリエーテルケトンケトン・ポリアリルエーテルケトンなど、さまざまなケトン類の樹脂があります。需要量が最も多いポリエーテルエーテルケトン(PEEK)は、ジハロゲノベンゾフェノンとヒドロキノンの重縮合で得られる全芳香族型結晶性樹脂です。PEEKは、英国で1977年に最初に上市されましたが、日本では82年の輸入販売が最初です。

PEEKには、非強化グレードの他に、ガラス繊維強化グレード・カーボン繊維強化グレード・フッ素樹脂による摺動性改良グレードなどの複合グレードがあるほか、粉末成形用のパウダーグレードもあります。

半導体・液晶ディスプレー分野では、力学的性質・低アウトガス性・低イオン溶出性・清浄性・帯電防止性などによって、ウエハバスケット・スピンドルチャック・搬送用ローラなどの半導体・液晶ガラス製造工程の部品の用途があります。自動車分野では、力学的性質の信頼性・静粛性・耐摩耗性・耐油性などによって、フロントアクセルベアリングシェル・電動パーキングブレーキギヤ・電動パワーシートのアジャスタギヤ・トランスミッションスラストワッシャやオイルシールリングなど、エンジン・パワートレイン・ステアリングなどの関連部品が用途です。電子分野では、はんだ耐熱性・高温度での物性保持性能などの活用を活かし、航空機コネクタやプリント配線基板があります。また高性能が要求される各種ケーブル被覆用としても使用されています。医療分野では、優れた生体適合性・X線透過性・耐滅菌性などにより、体内に埋め込んで使用されるインプラント各種機器類の用途があります。低溶出性を活用した純水用装置や耐熱性・耐摩耗性などによる複写機の分離爪などにも使用されています。耐摩耗性や摺動性向上のためにパウダーグレードでコーティングするものがあります。

要点BOX

- 価格は高いが、高性能で信頼性の高いエンプラ
- 航空・軍事関連から民需へも用途を拡大

ポリエーテルエーテルケトンの特徴

❶芳香族環と極性基から構成されているポリマーですので、分子は剛直で分子内・分子間力が大きい結晶性合成樹脂です。
❷融点は334℃と高いです。
❸ガラス転移温度が143℃で、熱変形的耐熱性も高くなります。
❹耐熱劣化特性にも優れ、連続使用温度は260℃と高いです。
❺フッ素樹脂に次ぐ耐薬品性があります。濃硫酸・濃硝酸や強い酸化力があるオゾン水には濃度によっては侵されます。
❻耐熱水性・耐水蒸気性に優れ、連続使用温度は200℃とされています。また溶出イオンが極めて少ないという優位点もあります。
❼高温度・高周波数でも誘電率は変化しません。
❽耐放射線性に優れています。
❾酸素指数は35%です。燃焼時の発煙量が少なく、有害ガスの発生も非常に少ないのは優位点です。

ポリエーテルエーテルケトンの用途例

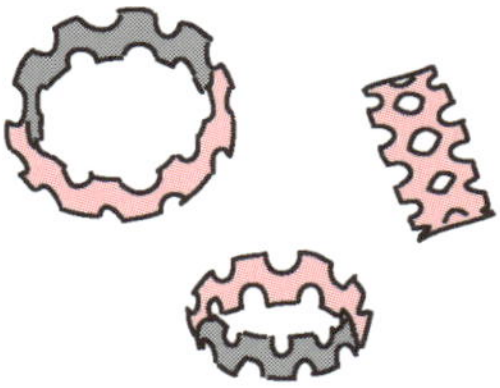
ベアリングリテーナ

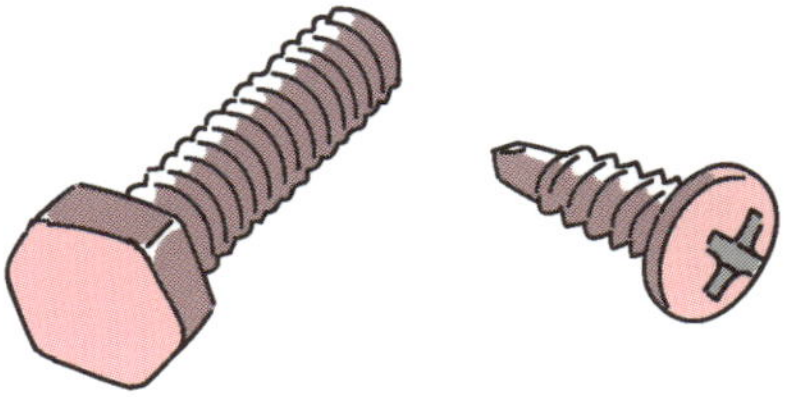
半導体製造工場用ボルト・ビス
（小ねじ）

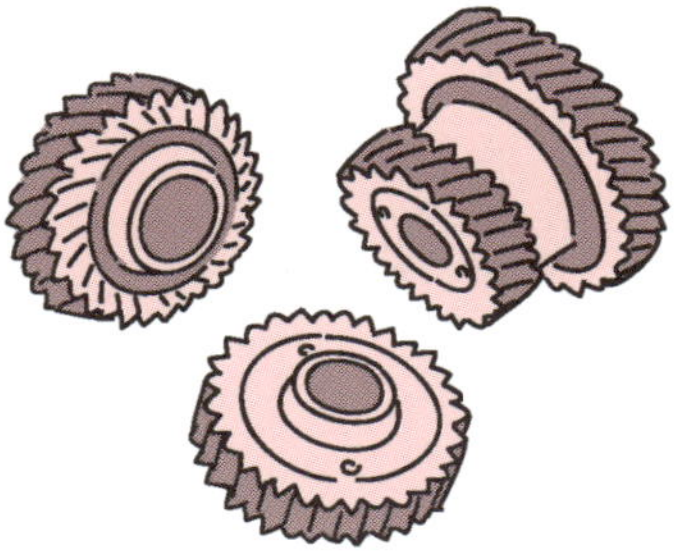
各種ギヤ

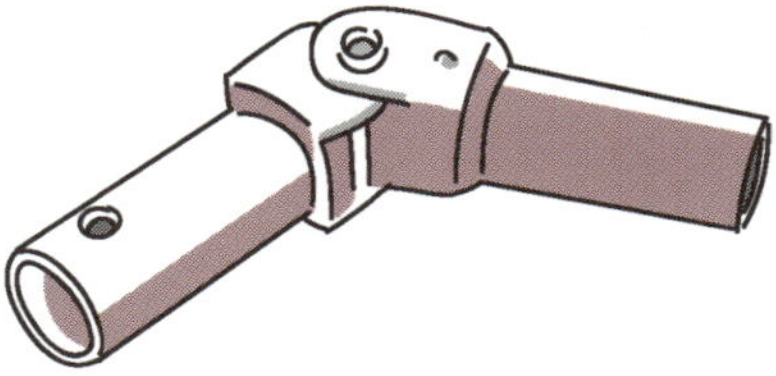
薬液供給パイプの
ジョイント

29 熱可塑性ポリイミド

共重合による成形性改良グレード

分子内にイミド結合を持つ合成樹脂がポリイミドで、モノマーの種類および分子構造によって、熱硬化性ポリイミドと熱可塑性ポリイミドがあります。ベンゾフェノンテトラカルボン酸無水物とジアミノジフェニルメタンとの縮合型ポリイミドは熱可塑性となり、この樹脂の成形性を改良したものにポリエーテルイミド（PEI）とポリアミドイミド（PAI）があります。

PEIは、エーテル結合とイミド結合があるポリマーの総称ですが、エンプラとして使用されるPEIは、力学的性質・熱安定性などの優れた芳香族ポリイミドの成形性を改質するために、エーテル結合とイミド結合の繰り返し単位で構成される非結晶性合成樹脂です。1982年に米国で上市され、日本では83年に上市されました。非強化の基本グレードおよびガラス繊維強化グレード・摺動性グレード・導電性グレードがあります。

電気・電子分野では、コネクタ・プリント基板・フレキシブル回路・光ファイバーコネクタ・電子レンジ用調理器具・電線被覆などの用途があります。自動車分野では、アンダーフードの各種部品などがあります。医療分野では、高圧蒸気や電子線の耐性が活用される部品があります。一般産業分野では、ギヤ・軸受・ポンプ・潤滑装置などがあります。

PAIは、分子内にアミド基を導入して、イミド基とアミド基を交互に共重合させて成形性を改良した樹脂で、通常芳香族トリカルボン酸無水物と芳香族ジアミンとで重合したもので、1971年に米国で上市されました。ガラス繊維・カーボン繊維による高剛性グレードや力学的性質に優れている摺動性グレードがあります。

産業機器分野（バルブシート・ピストンリング・ベヤリングリテーナ・ローラ・カム・ギヤ）、自動車・車両分野（シールリング・スラストワッシャ・ベアリング）・航空機分野の用途があります。

要点BOX

- ●ポリイミドには熱硬化性と熱可塑性のものがある
- ●耐熱性に優れている熱可塑性ポリイミドの成形性を改良した樹脂

熱可塑性ポリイミドの特徴

ポリエーテルイミド

❶ガラス転移温度が217℃の非結晶性合成樹脂です。
❷熱変形基準の耐熱性も熱劣化基準の耐熱性もともに高く、連続使用温度は170℃です。
❸非結晶性合成樹脂のうちでは耐薬品性は良好で、ほとんどの脂肪族炭化水素には侵されません。塩素系脂肪族炭化水素には耐性がありません。
❹耐熱水性に優れています。
❺電気的性質は、広い温度および周波数域で安定していますが、誘電特性は他樹脂と比較して良好とは言えません。
❻耐候性に優れています。
❼電子線照射に対しては、サルホン系樹脂より優れています。
❽酸素指数は47%です。

ポリアミドイミド

❶ガラス転移温度が280～290℃と非常に高い非結晶性合成樹脂です。
❷低温特性も良好で、耐寒性にも優れています。
❸熱劣化基準の耐熱性にも優れ、連続使用温度は評価する性質により差異がありますが200～220℃です。
❹脂肪族炭化水素・芳香族炭化水素・塩素系炭化水素・ほとんどの酸などに耐性がある優れた耐薬品性の樹脂です。
❺絶縁破壊電圧が高く電気絶縁性に優れています。
❻耐放射線性に優れています。グラファイトやPTFEなどの固体潤滑剤との複合によって優れた摩擦特性を示します。
❼難燃性で、燃焼時の発煙量が少ないのはメリットです。

熱可塑性ポリイミドの用途例

耐熱性が
要求されるギヤ

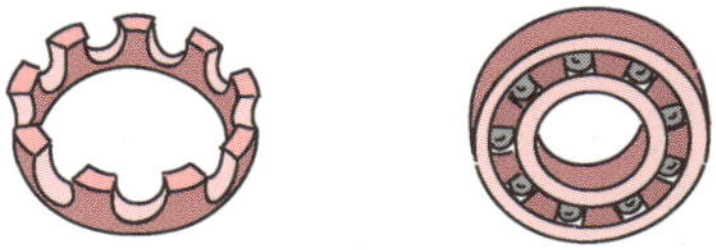
ベアリングリテーナ

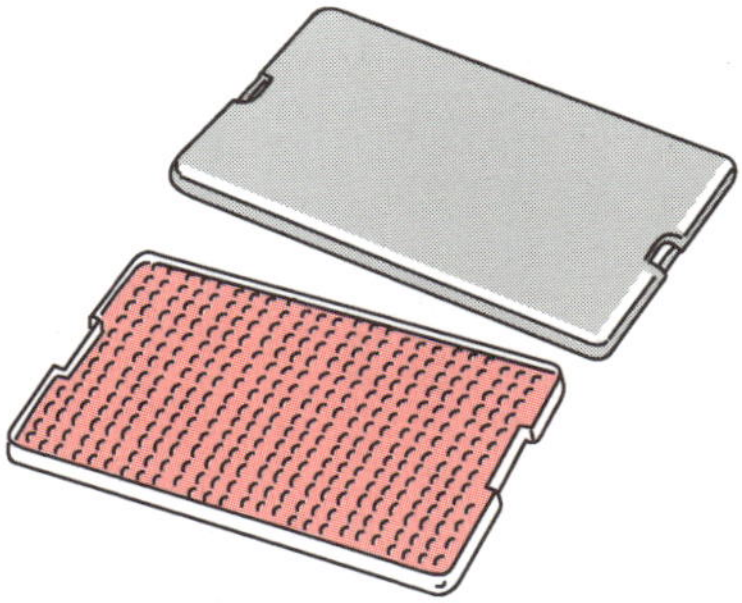
手術器具トレイ

シーリングとワッシャ

Column

耐久消費財用のプラスチック

　耐久消費財に使われる金属部品のプラスチック化の開発が始まったのは、米国で「金属に挑戦する樹脂」とか、「金属代替可能な樹脂」をキャッチフレーズとして登場したPOMからでしたが、それらの部品の要求性能に対して金属材料が過剰品質であり、POMで要求品質が十分に達成可能と予測されたものに、まずターゲットが絞られました。しかし樹脂の力学的性質は金属材料と比較して、絶対値が小さい・温度依存性が大きい・時間依存性（クリープ）が大きいことやクリープが関与するような測定条件で引張特性を測定すると、応力とひずみが比例するフックの法則に従う領域がほとんどなく、金属材料のようにフックの法則の限度内での弾性設計ができないなど、大きい差異があります。

　このため樹脂を使用する材料力学での形状設計では、金属材料の有限要素法線形ソフトではなく非線形ソフトを使用しなければなりませんので、これらに関する設計データが必須となります。また金属材料による設計で使用される安全率は大きく、樹脂でこれらをそのまま適用すると樹脂化できないことになるので、安全率で信頼性を高める設計はできません。さらに射出成形で発生する成形品破壊に関与するウエルド・シャープコーナ・ゲート・厚み不均一による成形ひずみなどについての成形技術も重要な要因となり、これらの対応のために金属材料で常識的であった破面解析手法のプラスチックへの適用もPOM成形品から始まりました。

　日用品や雑貨と異なり、耐久消費財は長期間使用されるので、その間での品質劣化が問題となります。すなわち設計寿命をクリアするクリープ・疲労・摩耗などの材料力学的設計および材料の劣化を考慮しなければなりません。鉄が錆びて鉄の品質が変化するように、樹脂は温度・湿度・紫外線や薬品類などの環境条件・電気的負荷などによって材料劣化が起こるので、設計寿命内でその限度を越えた劣化をする樹脂は選択できません。このため多くの汎用プラスチック・汎用エンプラ・スーパーエンプラ・熱硬化性樹脂などの中から最適と考えられる樹脂・グレードが選定されることになります。プラスチックの使用実績は短く、失敗学的知見も金属に比較して十分でなく不可解な現象によく遭遇しますが、プラスチックの半世紀の歴史は成功・失敗の貴重な情報による樹脂選択の支えとなるものです。

第3章

一度硬化すると二度と溶融しない熱硬化性プラスチック

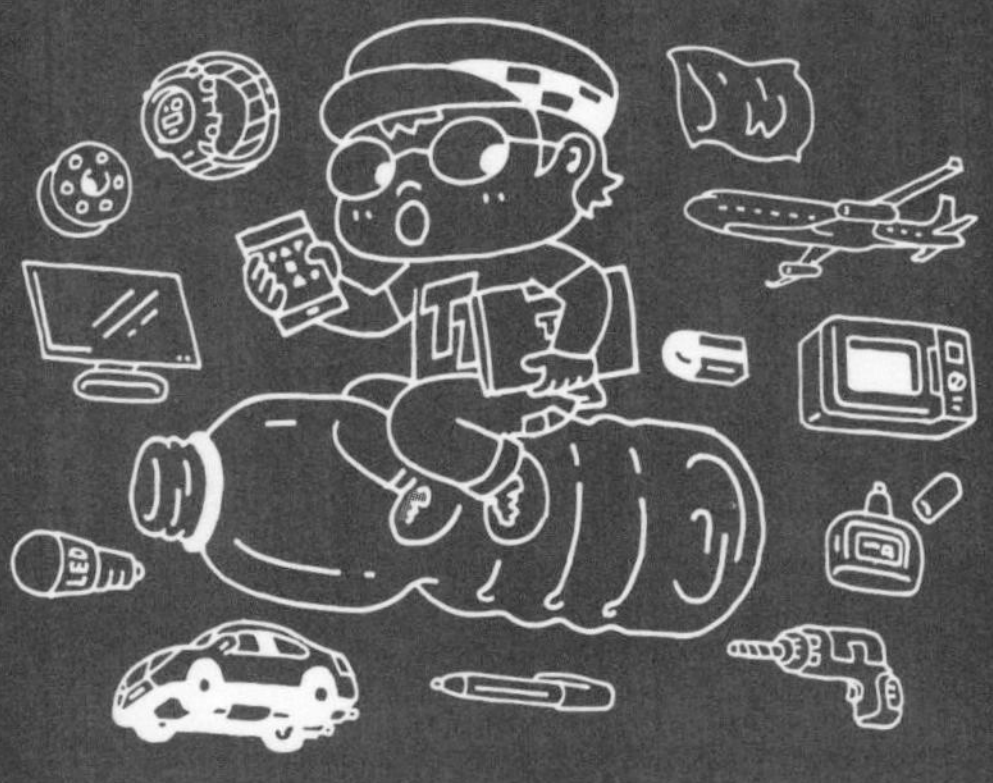

30 フェノール樹脂(PF)

化学的につくられた第1号の合成樹脂

フェノール樹脂は、フェノール類とアルデヒドとの付加重合反応によるもので、最も一般的なものはフェノールとホルムアルデヒドを原料として、1910年に工業化された最初の合成樹脂です。フェノール樹脂には、酸触媒によるノボラック型とアルカリ触媒によるレゾール型があります。

ノボラック型は重合度が500~1000程度なため、ヘキサメチレンテトラミンのような硬化剤を使用して硬化させせなければならないことから、2段法フェノール樹脂とも言います。成形には、木粉・パルプ・布細片などのセルロース系や炭酸カルシウムなどの無機粉末やガラス繊維強化材などの無機系のものが添加された複合材料として使用され、これらの充填材や強化材の種類によって性質が変化します。フェノール樹脂は、電気絶縁性が重要な要求性能の電気器具への需要拡大で急速に伸びた歴史があります。需要量の多い車両分野では、ガラス繊維強化グレードの耐熱性・力学的性質などによりエンジン周辺や電装部品としての用途があります。厨房機器にも使用されています。成形は熱硬化性樹脂の主要成形法の圧縮成形やトランスファ成形で行われますが、射出成形ができるグレードも開発されています。

レゾール型の重合したものは水あめ状の樹脂で、これを加熱すると硬化するので、1段法フェノール樹脂とも言います。レゾール型樹脂はアルコールなどを添加してワニスとし、紙・綿布・ガラス繊維クロスなどに含浸させて、電気絶縁用やプリント基板用の積層板を積層成形でつくります。

成形材料と積層品以外に使用されるフェノール樹脂は工業用フェノール樹脂と呼ばれ、優れた接着性と耐熱性を活用して、シェルモード(金属鋳造用の鋳型と中子)・レジノイド砥石や研摩紙・高温用断熱材・食品缶防食の内面塗装用・接着剤・フォトレジスト用などの用途があります。

要点BOX

- ●松脂に似た外観の最初の人工の樹脂
- ●電気絶縁性の優れたグレードが活用されている
- ●工業用フェノール樹脂には多彩な用途がある

フェノール樹脂の特徴

❶熱硬化性樹脂なので、弾性率・荷重たわみ温度は高い値を有しています。
❷耐熱劣化特性の連続使用温度は、木粉入りグレードで130℃、無機充填材入りで180～200℃です。
❸衝撃強さが小さいのは弱点の1つですが、必要に応じてガラス繊維や無機充填材の選択で向上させることは可能です。
❹フェノール性の水酸基のため耐アルカリ性はよくありません。
❺電気絶縁性に優れています。耐アーク性や耐トラッキング性はカーボンが発生するためよくありませんが、改質されたグレードがあります。
❻難燃性で、燃焼時の発煙量が少なく、有害物質を含みません。

フェノール樹脂の用途例

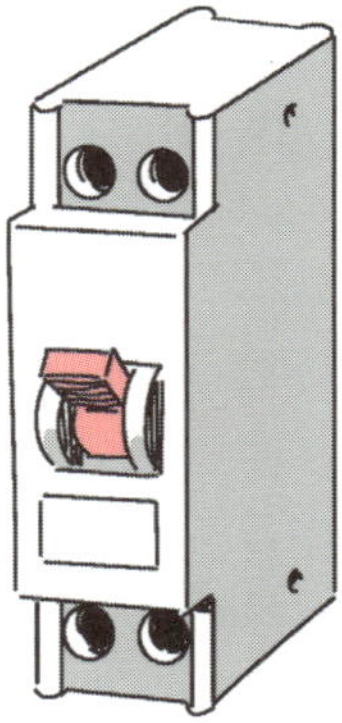
スイッチユニット

電気トランスのボビン

スタータモータ

電気ブレーカ

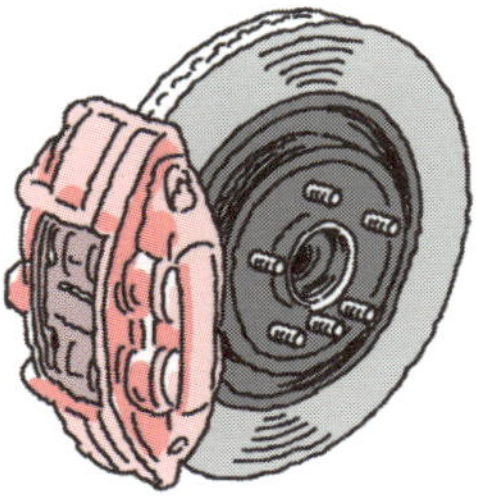
ブレーキピストン

31 アミノ樹脂

接着剤用途の多い樹脂

アミノ樹脂とは化合物の中にアミノ基を有する樹脂の総称で、代表的なものにユリア樹脂とメラミン樹脂があります。

ユリア樹脂は、ユリア（尿素）とホルムアルデヒドとの付加縮合反応で得られる樹脂で、1918年頃に開発されました。29年に常温で硬化し、木材との接着性がよいユリア樹脂の縮合中間体が工業化されています。ユリア樹脂の需要構成では約90％が接着剤で、合板・集積材・内装材などの耐水性を必要としない木工用接着剤などとして使用されています。しかしユリア樹脂接着剤を使用した建築内装工事で、遊離したホルムアルデヒドによるシックハウス症候群の問題が発生しました。これが契機となり13種類の揮発性有機化合物（VOC）の室内濃度指針の規制値が定められました。このためユリア樹脂接着剤の使用はVOC問題が発生しない用途に限定されています。圧縮成形などによる成形材料としては、セルロース系充填材が添加されたものが電気火災安全性の高い配線器具および照明器具や漆器生地などに使用されています。

メラミン樹脂は、メラミンとホルムアルデヒドとの付加縮合反応で得られる樹脂で、1938年にスイスでメラミンとホルムアルデヒドとの反応により硬化が速く、高硬度・無色・耐水性・耐熱性の良好な樹脂が得られることを発見したのがメラミン樹脂の始まりです。需要構成比率ではユリア樹脂と同様に、接着剤の比率が大きいですが、ユリア樹脂と異なり耐水性合板用接着剤として使用されています。成形材料は、セルロース系充填材による複合材料が耐熱性・電気絶縁性などによって配線器具・照明器具および耐熱性・耐熱水性・剛性・衛生安全性などによって食器や厨房機器などの用途に使用されています。表面光沢・表面硬度・着色性・耐熱性などによる化粧板や内装材などもあります。紙の印刷適性・耐水性の改良や織布の防しわ性などの改良の用途もあります。

要点BOX

●ユリア樹脂とメラミン樹脂の需要の大半は接着剤
●食器や厨房機器の用途もあるメラミン樹脂

アミノ樹脂の特徴

ユリア樹脂

❶無色透明の樹脂で、鮮明な着色ができます。
❷衝撃強さが小さく、脆性破壊します。
❸表面硬さが大きい樹脂です。
❹耐熱性が良好です。
❺耐有機溶剤性や耐薬品性は良好ですが、酸・アルカリには侵されます。
❻耐熱水性はよくありません。
❼耐アーク性および耐トラッキング性に優れています。

メラミン樹脂

❶無色透明の樹脂で、着色性は良好です。
❷衝撃強さは小さいです。
❸耐熱性が良好です。
❹表面硬さが大きい樹脂です。
❺耐薬品性に優れていますが、酸やアルカリには侵されます。
❻耐熱水性は良好です。
❼耐アーク性および耐トラッキング性に優れています。
❽寸法安定性のよい樹脂です。

アミノ樹脂の用途例

32 不飽和ポリエステル（UP）

FRPに不可欠な樹脂

不飽和ポリエステルは、無水マレイン酸のような不飽和二塩基酸および無水フタル酸のような飽和二塩基酸とグリコール類とを縮合させたもので、分子主鎖中に不飽和結合があるので不飽和ポリエステルと言われています。不飽和ポリエステルはガラス繊維に熱硬化樹脂を含浸させて成形品をつくるFRP（繊維強化プラスチック）のための主要な樹脂ですが、分子量が数千程度であり、かつ単独重合性に乏しいために、通常はスチレンのようなビニル系モノマーに溶解し、これらを共重合させて熱硬化性樹脂としています。1937年頃、無水マレイン酸とトリエチレングリコールでつくられたものが二重結合の箇所の重合で不溶不融することや他のモノマーと共重合しやすいことの発見が契機になり、現在の不飽和ポリエステルにつながっています。日本では52年頃に工業化されました。当初は注型による電気部品などが主な用途でしたが、塗料分野にも用途が広がり、現在では主要なFRP用樹脂としての地位が確立しています。

ハンドレーアップ法のように液状のままで成形に用いるものと、金型を使用して成形ができるようにプリミックスといわれる成形材料の形で使用するものがあります。後者の場合、強化材・充填材・離型剤などを混練して塊状にしたBMC（Bulk molding compound）とガラス繊維マットに不飽和ポリエステルを含浸したシート状のSMC（Sheet molding compound）があります。BMCは圧縮成形や射出成形で成形されますが、射出成形機は塊状で滑り性のよくないBMCの供給方法やガラス繊維切断防止のスクリュ構造に配慮したBMC専用射出成形機が使用されています。SMCはマッチドメタルダイなどを使用して圧縮成形で成形されます。用途は、建設資材・工業用機材・輸送機などのFRPが圧倒的に多いですが、FRP以外の注型用（人工大理石・ボタン・床材）・塗料・化粧板などもあります。

要点BOX

●FRPの多彩な用途を支える必要不可欠な樹脂
●FRP特有な成形が数多くある

不飽和ポリエステルの特徴

BMC・SMCの特長は次のとおりです。

❶低粘度で強化材・充填材への含浸性が優れていますので、強化効率が高くなります。このため力学的性質が良好となります。

❷耐熱性および耐寒性に優れています。

❸アルコール類や炭化水素のような有機溶剤には耐性がありますが、スチレンを含んでいますので、スチレンを侵す有機溶剤には耐性はありません。

❹酸化性酸を除き一般の酸には比較的強いものの、アルカリには侵されます。エステル結合のため耐熱水性はよくありませんが、イソフタル酸やフェノール系の樹脂ではこれらの性質は改質されています。

❺耐候性は良好です。

❻電気絶縁性・耐電圧・耐アーク性・耐トラッキング性などの電気的性質は良好です。

❼着色は自由にできます。

❽付加反応で硬化するので、副生物の発生はありません。

不飽和ポリエステルの用途例

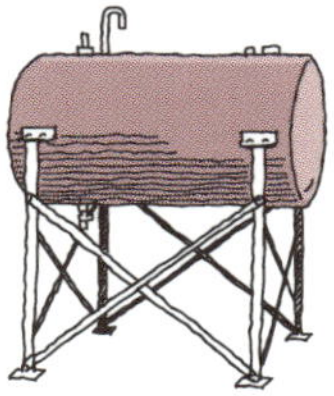

工業用タンク

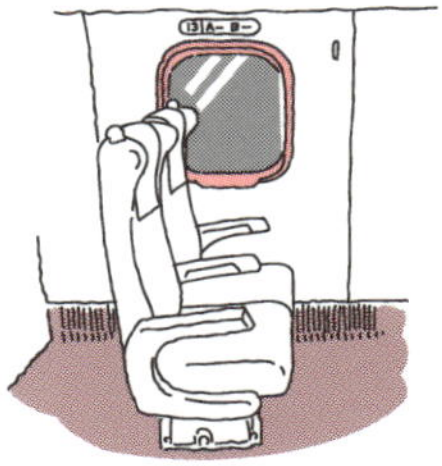

新幹線の窓枠

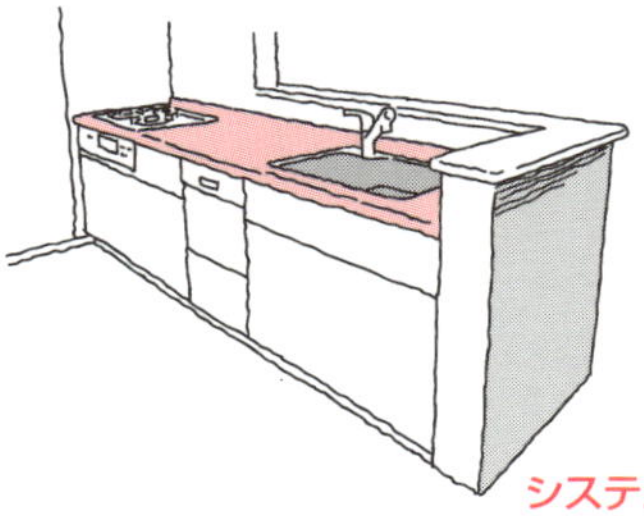

システムキッチン
カウンター

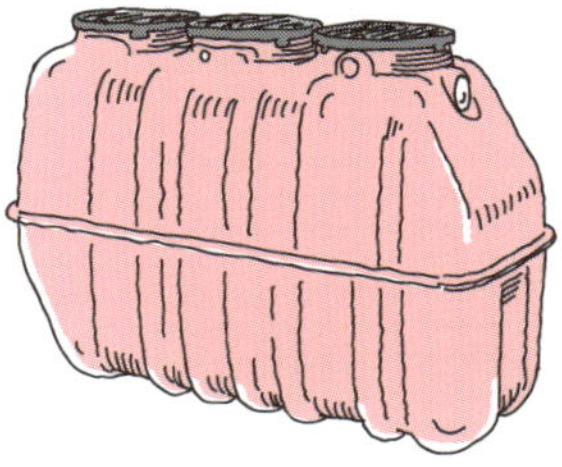

家庭用浄化槽

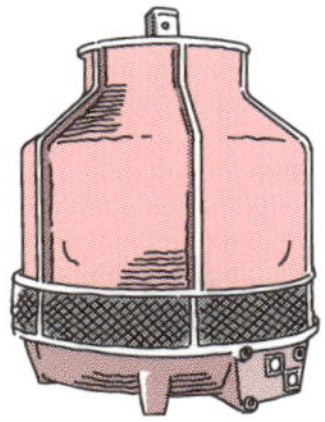

空調用冷水塔

33 ジアリルフタレート樹脂（PDAP）

耐熱性と電気絶縁性のよい電気絶縁材料

ジアリルフタレートは、主鎖にエステル結合を含まないため不飽和ポリエステルと区別されていますが、ラジカル重合によって揮発物を発生しないで硬化する点では、不飽和ポリエステルと似ています。ジアリルフタレートに過酸化物を重合開始剤として加え、分子量が1〜2・5万程度のプリポリマーをつくり、過酸化触媒を加えて付加重合すると硬化します。プリポリマーには、一般用としてはジアリルオルソフタレートが、耐熱用としてはジアリルイソフタレートが使用されます。プリポリマーに強化材・充填材・触媒などを加えて成形材料をつくり、圧縮成形・トランスファ成形・射出成形などで成形されます。

PDAPは、1958年に米国で工業的規模の生産が始まりましたが、日本では60年にプリポリマーが輸入され、その2年後に国内生産が始まりました。

優れた電気的性質や耐熱性を活用しての用途展開があり、電気電子分野ではコイルボビン・ソケット・各種コネクタ・スイッチ類・リレー・高圧配電盤用ハウジング・ターミナル・モータ絶縁ブラシなどが用途としてあげられます。

自動車分野でも、電気的性質・耐熱性・寸法安定性などにより、コンミテータ・プラグキャップや機械部品としての用途があります。

触媒などを含浸した化粧紙を基材の表面に積層成形する化粧板は代表的な用途ですが、メラミン樹脂の化粧板に比べて可撓性があり、曲げ加工性に優れ、耐クラック性にも優れているほか、耐候性・耐汚染性・耐水性も優れています。

紫外線硬化型のオフセット印刷用インクに使用されますが、速乾性に優れ生産効率がよくなるメリットがあります。ホットスタンピング用箔の着色層にDAPを添加することにより、熱転写時の箔切れ性や耐溶剤性が改質されています。レジノイド砥石の砥粒の結合剤としての用途もあります。

要点BOX

- ●電気的性質・耐候性が活用されて、用途展開されています
- ●印刷用インクや砥石としての用途もあります

ジアリルフタレート樹脂の特徴

❶耐熱性が高く、高温・高湿下での力学的性質・電気的性質の劣化が少ない樹脂です。
❷電気絶縁性に優れています。電気絶縁材料には耐熱区分の規格がありますが、H種(180℃)です。
❸はんだ耐熱性が良好で、300℃のデップはんだ・260℃の蒸気はんだ・400度の赤外線はんだにも耐えます。
❹耐熱水性が良好です。
❺耐薬品性が良好です。
❻耐炎性も良好です。
❼ガス発生が少なく、真空系での使用では有利となります。
❽着色が可能です。

ジアリルフタレート樹脂の用途例

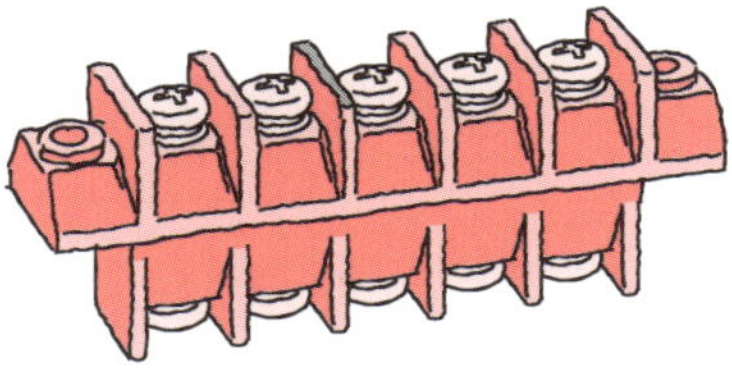
端子台

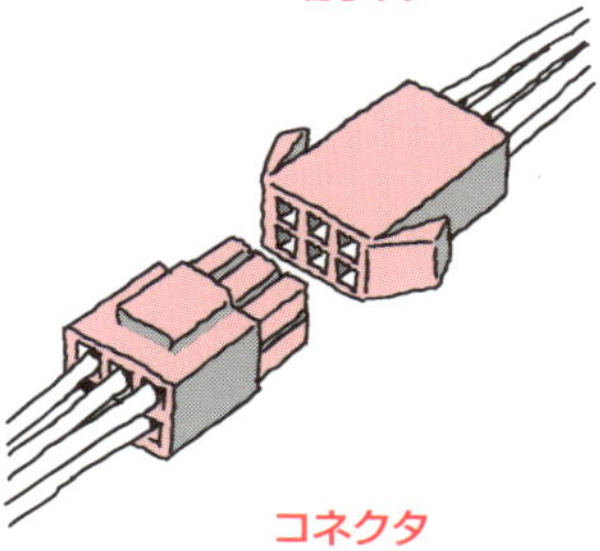
コネクタ

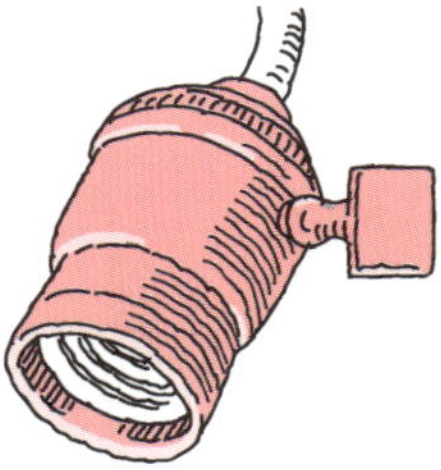
ターミナルソケット

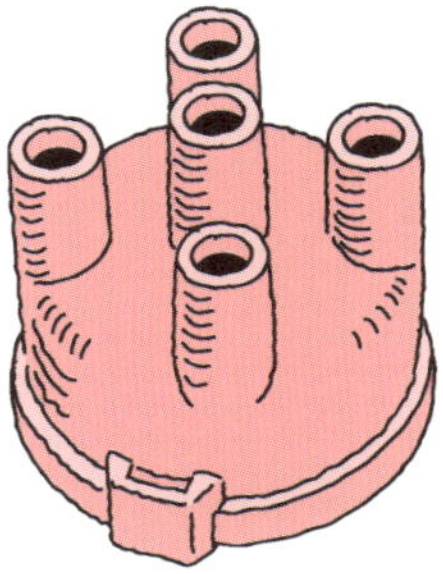
自動車用ディストリビュータ
キャップ

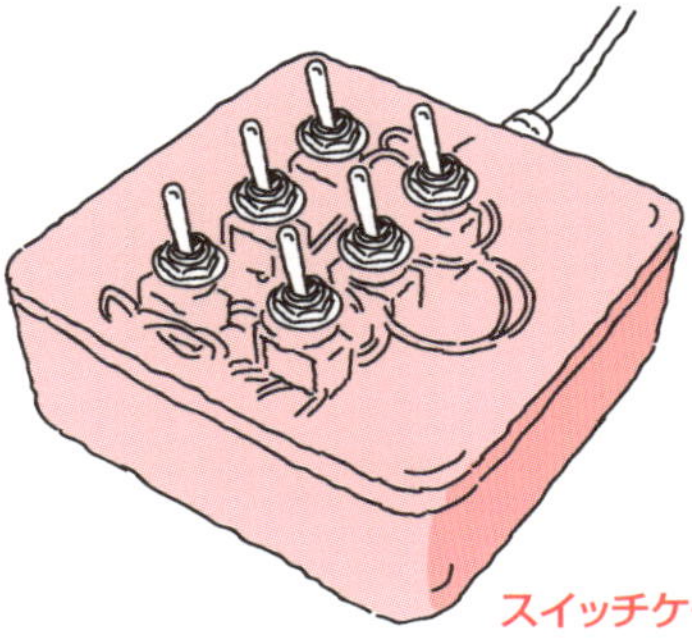
スイッチケース

34 エポキシ樹脂(EP)

半導体封止と接着剤に有用な樹脂

エポキシ樹脂とは、分子中にエポキシ基を持つ樹脂の総称で、使用される原料によって多様なタイプがあります。最も種類が多いのは、フェノール系のグリシジルエーテル型で、その中で最も代表的で使用量の多いのが、ビスフェノールAとエピクロルヒドリンとの縮合によって得られるエポキシ樹脂です。

エポキシ樹脂が工業化されたのは、１９４６年のスイスで接着剤が最初です。初期には用途のほとんどは接着剤と塗料でしたが、硬化剤の進歩と共に幅広い用途展開がみられるようになりました。日本では50年頃から優れた接着力のある接着剤や塗料として使用されるようになったものの、高価なため需要の拡大は大きくはありませんでした。60年後半からの土木建築分野での需要拡大や80年代からの電気電子分野での著しい需要拡大で、重要な熱硬化性樹脂としての地位が確立されました。

エポキシ樹脂の用途分野は、電気部品・塗料・土木建築・接着剤です。電気分野では、積層・封止・注型の各種成形加工法によって、多様な製品がつくられています。積層板は、ガラスクロスにエポキシ樹脂を含浸させたものを圧縮成形しますが、構造部品用・重電機器用・電気回路用などに使用されます。電気絶縁性・接着性・耐熱性などによりエポキシ樹脂は半導体封止剤として優れた樹脂ですが、封止はトランスファ成形されます。注型では、変圧器・碍子・絶縁開閉器・ブッシングなどがつくられています。塗料では、塗膜強度・耐水性・耐薬品性などにより、自動車用カチオン電着塗料・船舶用や防食用など工業用塗料・飲料用金属缶の腐食防止のための内面塗料などにも使用されています。接着剤では、接着力とその信頼性などにより航空機・建設分野で需要があります。また橋梁の軽量化や道路面の耐久性向上のためなどに、高価ですがエポキシ樹脂による道路表面塗装が行われている米国の事例があります。

要点BOX

- 電気絶縁性・耐熱性を買われ、半導体封止に不可欠な樹脂
- 抜群の接着力と高い信頼性のある接着剤

エポキシ樹脂の特徴

❶電気的性質が極めて優れていますが、特に電気絶縁性・高周波特性・耐アーク性・耐トラッキング性などが良好なことが特徴です。
❷耐熱性や耐寒性が良好です。
❸力学的性質も良好です。
❹硬化反応で水やその他の副生物が発生しません。
❺耐薬品性に優れています。強酸化性酸や低級脂肪族を除いた多くの酸やアルカリには安定です。またほとんどの溶剤には侵されません。
❻耐水性や耐湿性のよい樹脂です。
❼可撓性があります。
❽金属・木材・セメント・プラスチックなどとの接着性がよいことは大きなメリットです。
❾無機充填材の添加量を多くすることで性質向上や改質ができます。

エポキシ樹脂の用途例

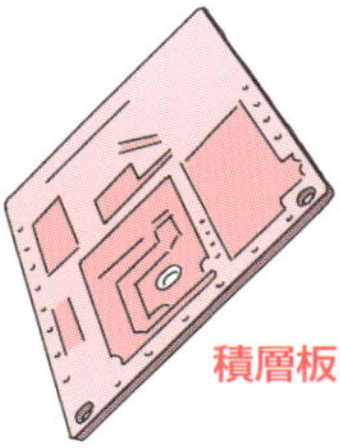
積層板による基板

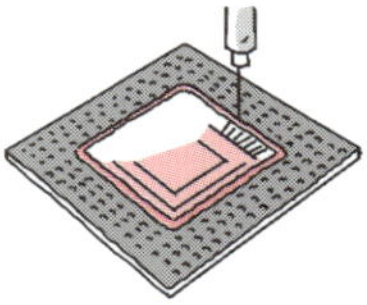
半導体封止

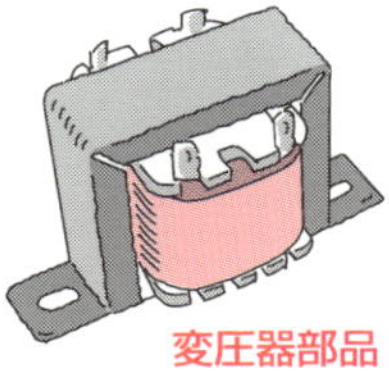
変圧器部品

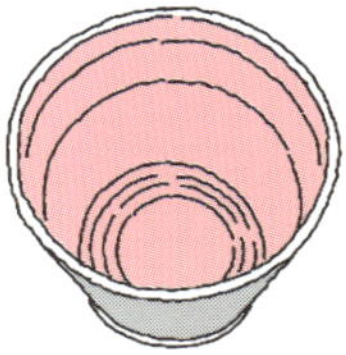
飲料用金属缶の内面塗装

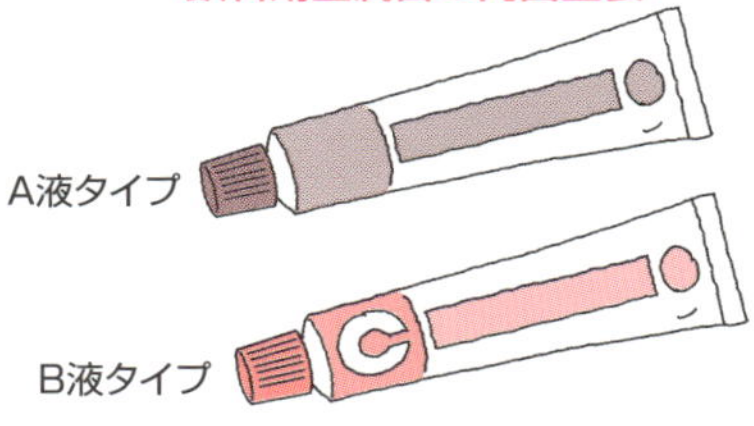

接着剤

橋梁の防食塗料

35 シリコーン樹脂（SI）

ゴム・オイル・樹脂と多彩な用途のある樹脂

無機のシロキサン結合（Si-O-Si）と、有機のメチル基やフェニール基などが同じ分子内に存在している化学物質がシリコーンで、無機質の特性と有機質の特性を併せ持つものです。シロキサン結合が耐熱性・耐候性・難燃性・誘電特性・耐アーク性・耐コロナ性・電気絶縁性などに関与し、シリコーンの化学構造によって撥水性・消泡性・離型性・耐寒性・圧縮特性を発現しています。

シリコーンには、樹脂・ゴム・オイル・グリース・離型剤などがあります。

①シリコーン樹脂

シリコーン樹脂は3次元構造のある樹脂で、ワニスと成形材料があります。ワニスは耐熱性を必要とする電気絶縁材料として使用されますが、硬さの大きいものがプラスチックレンズの表面硬さ向上のために、表面コーティング剤としても使用されます。成形材料は圧縮成形・トランスファ成形・射出成形で成形されます。

②シリコーンゴム

シリコーンゴムは、ロール練りで高温加硫するミラブル型と室温で加硫する一液型および二液型の液状シリコーンに大別されます。ミラブル型はシリコーン生ゴムにシリカなどの充填材・加硫剤を混練して、加熱硬化させたものです。耐熱性・耐寒性・耐紫外線性・耐オゾン性・電気絶縁性に優れていますが、耐油性には難点があります。一液型液状シリコーンは、主として湿気によって加水分解して縮合するもので、シーリング材や接着剤として使用されます。二液型液状シリコーンは使用時に主剤と硬化剤とを混合して硬化反応を起こさせるもので液状シリコーン成形などに使用されます。

③シリコーンオイル

広範囲な粘度のシリコーンオイルがあり、オイル・エマルジョン・グリースとして使用されます。

要点BOX

- 樹脂・ゴム・グリース・オイルと形態は多彩
- 化学構造により、無機質の特性と有機質の特性を併せ持つ樹脂

シリコーン樹脂の特徴

❶一般のシリコーンゴムは200℃の空気中での性質の低下がない耐熱性のよいゴムです。
❷樹脂の処方によっては、高温度・高湿度の条件で性質が低下することがあります。
❸電気絶縁性に優れているほか、180℃までの耐熱性があります。耐熱性は配合される充填材などによって変化します。また高電圧下のコロナやアークなどの気中放電に対して大きい耐性を有しています。
❹低温度特性としての脆化温度は、−50〜−60℃で耐寒性に優れています。
❺耐候性が極めて優れている樹脂です。オゾンによってもほとんど影響を受けません。
❻難燃性です。燃焼によるガス発生量は少なく、有毒ガスの発生が少ないことも特徴です。
❼高強度シリコーンゴムや耐油性・耐有機溶剤性のよいシリコーンゴムがあります。

シリコーン樹脂の用途例

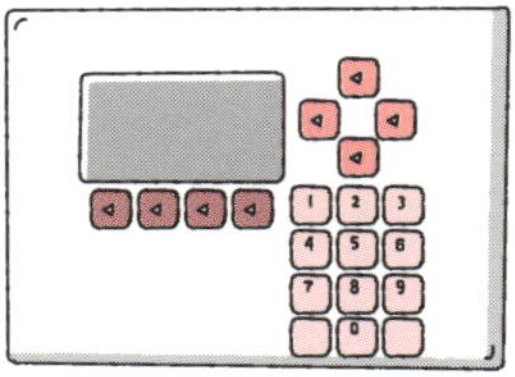

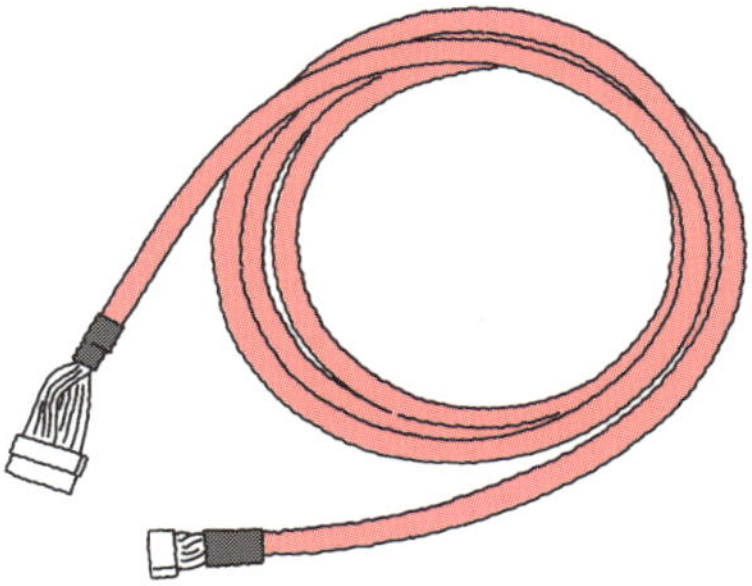

医療用ケーブル

電気スイッチのキーパッド

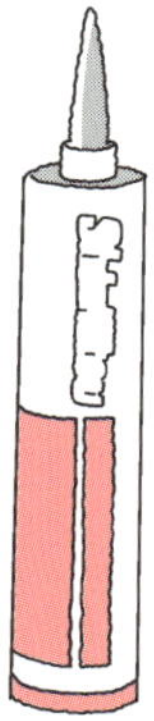

建築用シーラント

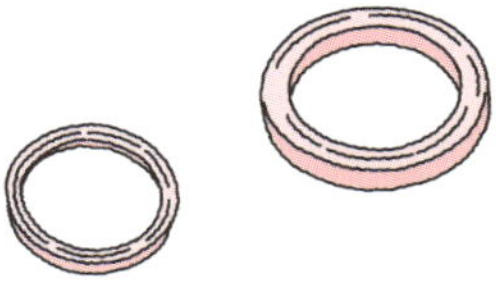

シール用Oリング

36 ポリウレタン（PU）

発泡体・エラストマー・塗料と多彩な用途のある樹脂

ポリウレタンには、分子中にイソシアネート基が2つ以上ある化合物と分子中に水酸基が2つ以上ある多価アルコールとの重付加反応によってウレタン結合をしている熱硬化性樹脂と、2つのイソシアネート基を有する化合物と2つの水酸基を有する化合物との反応での長鎖状で高分子量の熱可塑性エラストマーとがあります。このようにイソシアネート類と多価アルコール類（ポリオール類）の種類と組み合わせや加工方法により、フォーム・塗料・接着剤・エラストマー・弾性繊維・合成皮革など多様な製品がつくられます。

ポリウレタンは、1937年にドイツで開発され、40年代に工業化されました。最初は繊維用でしたが、47年頃から硬質フォームが工業化され、50年代になって軟質フォームが工業化されました。日本での工業化は1954年でした。

①フォーム（発泡体）は、ポリオール類・イソシアネート類・架橋剤・触媒・発泡剤・気泡サイズ調節剤などの混合物を用いてつくられますが、発泡剤としては、水とイソシアネートとの反応による炭酸ガス、機械的に混合する空気・有機系発泡剤・有機溶剤などが使用されます。フォームには、低圧発泡法による軟質フォーム（連続気泡）と高圧発泡法による硬質フォーム（主として独立気泡）があります。軟質フォームは家具や自動車などのクッション、硬質フォームは建築分野などでの断熱材などに多く使用されています。

②エラストマーには、網目状構造をしている熱硬化型のものと直鎖構造の熱可塑性型のものがあります。熱硬化型のものは、注型法・反応射出成形（RIM）・混練法で成形されます。熱可塑型のものは、射出成形・押出成形・カレンダー成形などで形がつくられます。

③塗料には、常温硬化型と焼き付け型および一液タイプと二液タイプのものがあります。

要点BOX

- ●熱硬化性タイプと熱可塑性タイプがある
- ●フォーム・塗料・接着剤・エラストマー・繊維と多様な用途がある

ポリウレタンの特徴

❶軟質から硬質まで幅広い製品を作ることができます。
❷弾性・強靭性に富み、引き裂きのような力学的性質に優れています。
❸柔軟性やゴム弾性により消音性や防振性に優れています。
❹低温特性に優れています。
❺耐摩耗性がよく、耐久性も良好です。
❻耐油性や耐薬品性があります。
❼断熱性が良好です。
❽金属や樹脂との接着性があります。
❾化学構造によっては、加水分解されやすいものがあります。留意点は酸やアルカリには比較的弱いことです。

ポリウレタンの用途例

軟質フォーム

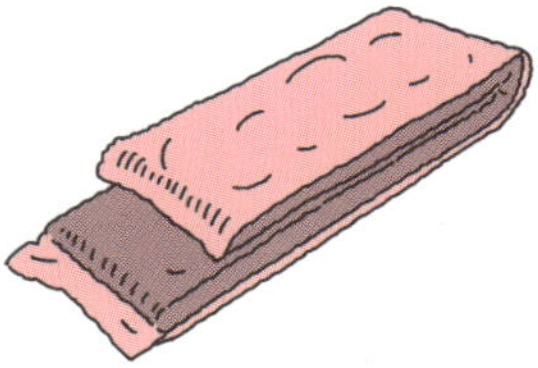

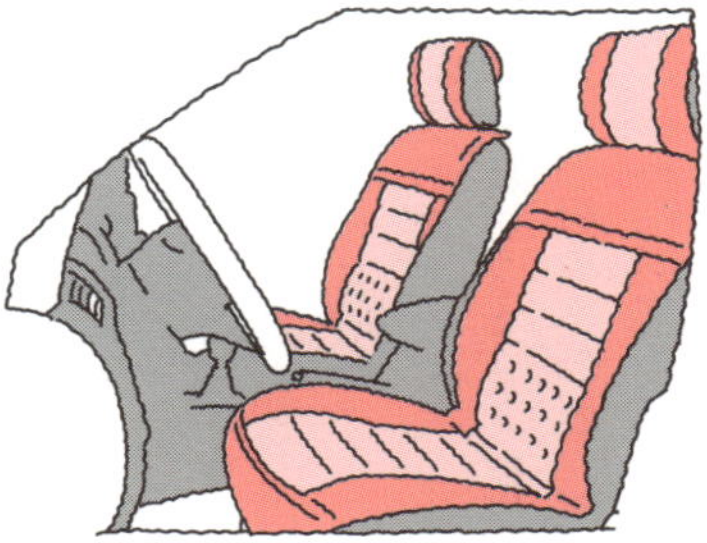

座席シートクッション

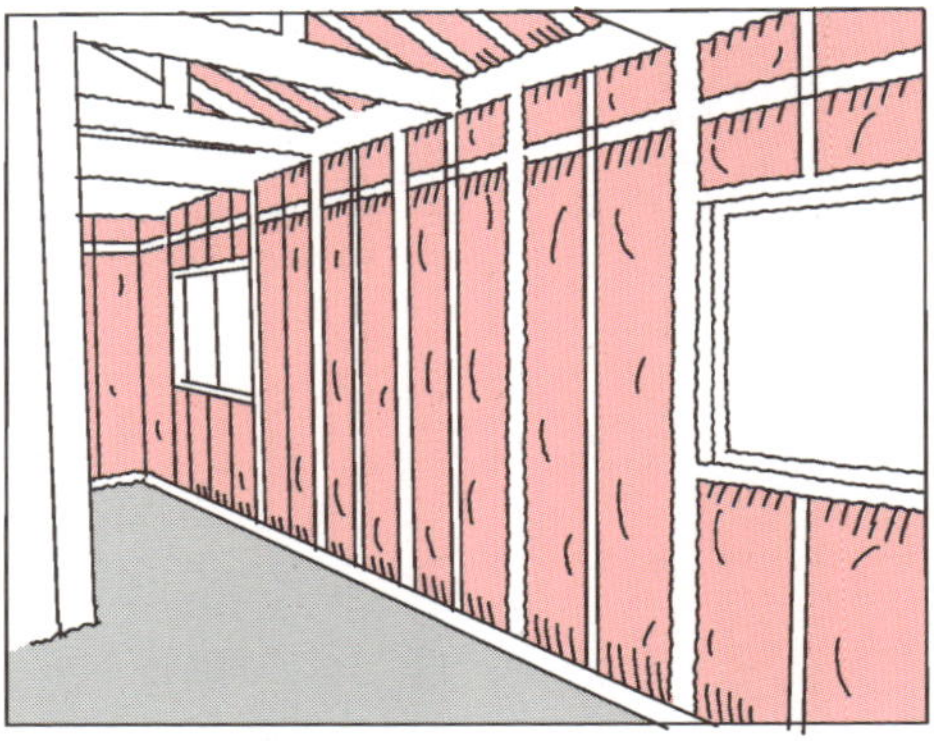

住宅／断熱材

エラストマー

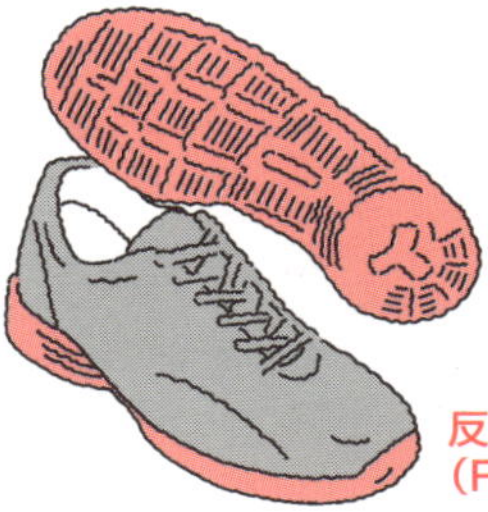

反応型射出成形による部品（RIM）

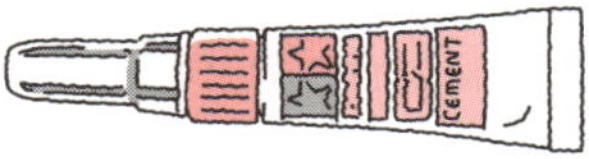

接着剤／溶剤タイプ

Column

熱硬化性樹脂生産量の伸び悩み

化学による合成樹脂として最初に工業化されたのがフェノール樹脂ですが、軍需目的やマーケットニーズの追求を化学技術の進歩が支えることによって、次々と性質の異なる有用な熱硬化性樹脂や熱可塑性樹脂がつくられるようになりました。

フェノール樹脂の成形品は主として木粉・パルプ・布細片のようなセルロース系充填材による複合グレードを主として圧縮成形しますが、生産性の点で熱可塑性樹脂の射出成形などに及ばず、次第に生産量の伸びが熱可塑性樹脂に追い抜かれるようになりました。半導体封止に不可欠なエポキシ樹脂の成形はトランスファー成形ですし、不飽和ポリエステル樹脂を使用するＦＲＰはハンドレイアップやスプレーレイアップなど、ＦＲＰ特有の成形法で成形されます。

また電気回路基板のような板状成形品などは積層成形されますが、いずれにしてもこれらの成形方法の生産性は射出成形の生産性には及びません。フェノール樹脂や不飽和ポリエステル樹脂などでは専用の射出成形機が開発され、射出成形可能のグレードがつくられていますし、無機質の特性と有機質の特性を併せ持つ特徴のあるシリコーン樹脂も液状シリコーン射出成形が可能になっていますが、熱硬化性樹脂の成形方法の主流は変わりません。需要を大きく左右するのはマーケットニーズに適合するかどうかの樹脂の特徴のウエートが大きいことは当然ですが、しかし成形方法の生産性の優劣も無視できない要素です。

全合成樹脂の生産量統計で最高値を記録したのは、１９９７年の約１５４０万トンです。オイルショックなどによる落ち込みはありましたが、１９６５年から１９９７年までの全樹脂の生産量平均伸び率は約10倍で、熱可塑性樹脂では約12倍、熱硬化性樹脂では4倍弱となります。熱可塑性樹脂の生産量が増加していた時代でも、熱硬化性樹脂の伸び率は小さく、１９９０年には全樹脂の16%程度あったものが、２０１３年の熱硬化性樹脂の生産量は、全樹脂の生産量の9%弱と構成比率の低下が見られます。しかし２０１３年の熱硬化性樹脂の全生産量は94・5万トンで、これは5大汎用エンプラの全生産量よりやや多く、これによっても特徴のある各種の熱硬化性樹脂の産業界における重要度を理解することができると思います。

第4章

汎用プラ・エンプラには入らない有用なプラスチック

37 フッ素樹脂

共重合による熱溶融成形可能なグレードの多様化

エチレンの4つの水素がフッ素で置換されたものが4フッ化エチレンで、これを重合したものが結晶性の4フッ化エチレン樹脂（PTFE）です。1936年に米国で発見され、1950年に本格的生産が始まりました。日本では55年に生産が開始されました。PTFEの融点は327℃ですが、この温度では透明なゲル状になるだけで溶融流動しないので、焼結法やPTFEの微粉末にナフサなどの有機溶剤を加えてペースト状にしたもので成形し、溶剤を揮発させてから焼成する方法で成形されます。フィルムは焼成法で成形したブロックの機械切削やディスパージョン（微粒子の分散液）を流延したものを焼成してつくられます。重合技術の進歩により各種の共重合グレードがあります。

①FEP（テトラフルオロエチレンとヘキサフルオロプロピレンの共重合体）は、PTFEより若干耐熱性は低下しますが、他の性質は同等で熱で溶融し成形ができ、電線被覆に多く使用されています。

②PFA（テトラフルオロエチレンとパーフルオロアルキルビニルエーテルの共重合体）は、PTFEに匹敵する性質があり、熱で溶融して成形できるので、半導体製造工程でのウェハキャリア・継ぎ手・薬液チューブなどの部品に使用されます。

③ETFE（テトラフルオロエチレンとエチレンの共重合体）は、力学的強靭性・電気絶縁性・耐放射線性などにより電線被覆や配線用ケーブルの用途があります。

④PVDF（ポリビニリデンフルオライド）は力学的強さ・耐候性・耐摩耗性などにより、化学プラントのバルブ・ポンプ・ライニング・塗料などに使用されています。

⑤PCTFE（ポリクロロトリフルオロエチレン）は光学的性質・耐衝撃性・ガスバリア性がよく、高圧用ガスケット・バルブシール材・透明性を必要とする配管・レベルゲージなどの用途があります。

要点BOX

- フッ素樹脂は4フッ化エチレン樹脂だけではない
- 熱で溶融して射出成形や押出成形できる多くのグレードがある

フッ素樹脂の特徴

❶連続耐熱温度は、PTFEとPFAが最も高くて260℃です。
❷低温性も良好で、PTFEは−268℃まで使用できます。
❸耐薬品性が非常に優れています。ほとんどの有機薬品・無機薬品に侵されません。ただしグレードによっては塩素系溶剤・芳香族系溶剤などで膨潤します。
❹電気的性質に優れ、絶縁破壊強さが大きく、広い周波数範囲で優れた誘電特性を有しています。
❺摩擦係数が小さく、ステックスリップ現象はありません。
❻吸湿率･吸水率は小さいです。
❼耐候性に優れています。
❽酸素指数はPTFEで95%以上です。

		単位	PTFE	PFA	FEP	PCTFE	ETFE	PVDF
融点		℃	327	310	260	220	220〜260	155〜175
比重			2.14〜2.20	2.12〜2.17	2.12〜2.17	2.10〜2.20	1.73〜1.74	1.75〜1.78
引張強さ		MPa	20〜35	25〜35	20〜30	31〜41	38〜42	25〜60
引張伸び		%	200〜400	300〜350	250〜330	80〜250	300〜400	200〜430
引張弾性率		GPa	0.40〜0.60	0.31〜0.35	0.32〜0.36	1.03〜2.10	0.70〜0.85	0.80〜2.48
アイゾット衝撃強さ		J/m	150〜160	破断しない	破断しない	135〜145	破断しない	165〜375
荷重たわみ温度	1.82MPa	℃	55	50	50	90	74	87〜115
荷重たわみ温度	0.45MPa	℃	121	74	72	126	104	138
最高使用温度		℃	260	260	200	170〜200	150〜180	120〜150

（出典：「改訂新版エンジニアリングポリマー」、化学工業日報社、2006年より抜粋）

薬液カップ

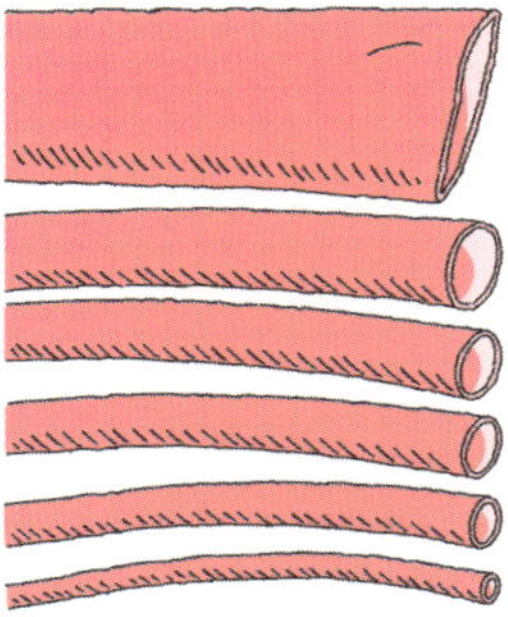
各サイズのチューブ

38 熱可塑性エラストマー

ゴムのような性質を持つ熱溶融成形が可能な樹脂

熱可塑性エラストマーは、ゴム弾性を示すソフトセグメントと高温では流動するものの常温では加硫ゴムの架橋点に相当し、塑性変形を防止して、補強効果を付与するハードセグメントとで成り立っています。ゴムのような弾性体ですが、射出成形や押出成形のような熱溶融法で成形ができます。各種の熱可塑性エラストマーのソフトセグメントとハードセグメントの例を表に示します。

①スチレン系エラストマー（TPS）

柔軟性や弾力性に優れ、スチレン―ブタジエン―スチレン（SBS）が最も多く、スチレン―イソプレン―スチレン（S‐I‐S）がこれに次いでいます。SBSはアスファルト改質用、S‐I‐Sは梱包用テープなどの粘接着剤に多く使用されています。

②オレフィン系エラストマー（TPO）

TPOには、ブレンド型・動的架橋型・リアクター型があり、これらによって性質に差異があります。熱可塑性エラストマーで最も比重が小さく、耐熱性・耐寒性・耐候性に優れているので、自動車用に多く使用されています。

③塩ビ系エラストマー

塩ビ系エラストマーには、高重合タイプ（ソフトセグメントは可塑化PVC）、部分架橋タイプ（多官能性モノマーによる部分架橋構造）、ポリマーアロイタイプ（ニトリルゴム・ポリウレタンなどによる）があります。押出成形による自動車部品として多く使用されています。

④エステル系エラストマー（TPC）

ハードセグメントは力学的性質・耐熱性・耐薬品性に、ソフトセグメントは反発弾性・柔軟性・低温特性・耐衝撃性に関与します。自動車部品に多く使用されています。

⑤ウレタン系エラストマー（TPU）

耐摩耗性・耐油性・ゴム弾性などに優れ、ソフトセグメントにはエステルとエーテルがあります。

要点BOX

- 熱可塑性エラストマーは、ゴムのような性質を持ち、射出成形や押出成形ができる
- さまざまな種類のエラストマーがある

各種熱可塑性エストラマーのハードセグメントとソフトセグメント

	ハードセグメント	ソフトセグメント
スチレン系	ポリスチレン	ポリブタジエン/ポリイソプレン/ポリオフィン
塩ビ系	部分架橋PVC/ストレートPVCなど	可塑剤/NBR/TPUなど
オレフィン系	PE/PP	EPDM/NBR
ウレタン系	ポリウレタン	ポリエステル/ポリエーテル/ポリオール
ポリエステル系	芳香族ポリエステル	脂肪族ポリエーテル/脂肪族ポリエステル
ポリアミド系	ポリアミド	ポリエーテル/ポリエステル

等速自在継手用ブーツ

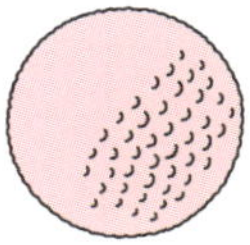
ゴルフボール

シューズ

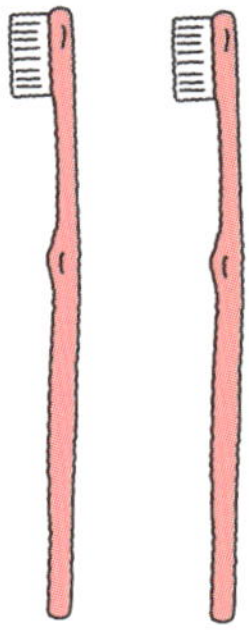
歯ブラシ

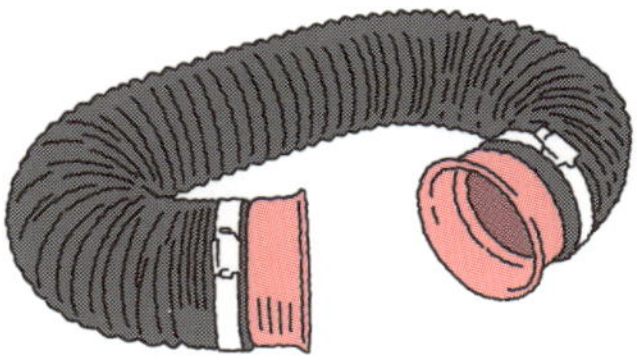
エアダクト

自動車窓ガラスの
ウェザーストリップ

スキーブーツ

39 生分解性プラスチック

微生物が関与して分解するバイオプラスチック

生分解性プラスチックとは、「自然界において微生物が関与して低分子化合物に分解され、最終的には水や炭酸ガスなどに分解されるもの」で、微生物によってつくられるもの・合成高分子の結合部分が生分解されやすいもの・澱粉のような生物からの生分解物質を利用するものがあります。また再生可能な有機物質（バイオマス）によるさまざまなバイオマスプラスチックが、トウモロコシ・砂糖きび・廃木材（セルロース）などからつくられるエタノールを出発原料として生産されるようになったことから、生分解性プラスチックとバイオマスプラスチックをまとめてバイオプラスチックと総称されるようになりました。

①軟質系生分解性プラスチック

結晶性合成樹脂のポリブチレンサクシネートを代表とするジオール・ジカルボン酸系があり、硬質系に比較して生分解速度が速いので、コンポスト化性を活用してごみ袋・ワンウエイ食器・食品包装材料・日用雑貨などの用途や自然環境下で使い切る農林水産土木資材としてのマルチフィルム・育苗ポット・土嚢などの用途があります。

②硬質系生分解性プラスチック

代表的なものは、結晶性合成樹脂のポリ乳酸です。ガラス転移温度が58～60℃なので、高温度・高荷重下で使用される工業用部品には複合グレードが使用されますが、環境重視の観点から植物繊維が補強用に使用されることがあります。結晶化速度が遅く、加水分解しやすい性質は改質が進められています。ポリ乳酸とＰＣやＰＢＴなどとのアロイ化グレードもあります。

近年地球温暖化の抑制効果が期待されて、バイオエタノールからの各種樹脂が注目されていますが、ひまし油を原料とするアミノウンデカン酸からのＰＡ11やひまし油由来のセバシン酸を原料とするＰＡ６１０は植物由来の樹脂の元祖です。

要点BOX

- 微生物の働きで低分子物に分解されるものが生分解性プラスチック
- 植物由来のバイオマスプラスチックたち

生分解性プラスチックの種類

分類	使用される成分
微生物産生系	糖などを餌としてバクテリア・カビ・藻類のような微生物が体内で合成するタイプ
化学合成系	モノマーの種類を吟味して重合してつくられるポリマー
天然物系	澱粉か酢酸繊維素のような植物系やキトサンのような動物系生物を使用するタイプ

生分解性プラスチックの一般的性質

性質 / 種類	ガラス転移温度（℃）	曲げ弾性率（MPa）	引張降伏強さ（MPa）	引張破断強さ（MPa）	引張破断伸び（%）	アイゾット衝撃強さ（J/m）
硬質系ポリ乳酸	58〜60	3,700	2,800	68	4	29
軟質系ポリブチレンサクシネート	−32	600〜685	—	57	700	30

（出典：一般社団法人 プラスチック成形加工学会「成形加工」 15巻2月号 2003年より抜粋）

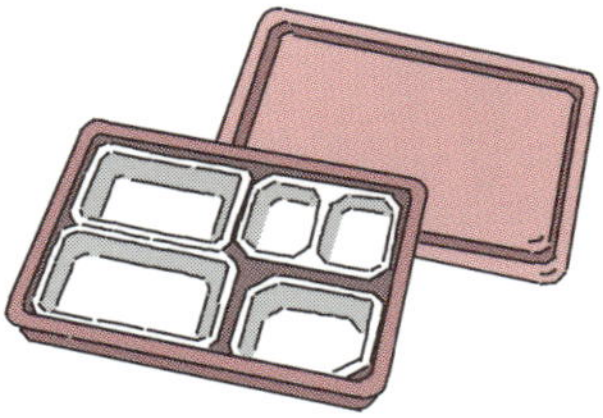

ワンウェーの食器とトレー

生ゴミの袋

ノートパソコンの筐体

ショッピングバック

マルチフィルム

40 ポリメチルペンテン（ＰＭＰ）

結晶性で透明な樹脂

ＰＭＰは、メチルペンテン—1を重合して得られる立体規則性のよいポリオレフィンの一種で、結晶性合成樹脂ですが透明性のよい樹脂です。不透明なＰＰホモポリマーに吟味した核剤を用いて透明な結晶性ＰＰがつくられるように、微細な結晶構造で、結晶部と非結晶部の密度差が小さいことによるものです。

ＰＭＰは１９５６年にイタリアで発見され、65年に英国で工業生産が始まりました。日本での工業生産は75年です。標準グレードの他に、透明性を損ねることなく衝撃強さを向上させた耐衝撃グレードやガラス繊維強化による高剛性グレードがあります。

ＰＭＰは、透明性・耐薬品性・耐熱水性・電気絶縁性などに優れていますので、これらが活用されたさまざまな用途展開があります。

①医療分野

透明性・耐薬品性・耐滅菌性などの活用による注射用シリンジ・三方コック・輸血や輸液のセット・検査用の光学セルなどがあります。

②理学実験器具

一般的にはガラスでつくられている理化学実験用のビーカ・ピペット・メスシリンダ・フラスコなどにＰＭＰ製のものがあります。実験動物飼育箱は透明性・耐オートクレーブ性が評価され、活用されています。

③電気電子分野

透明性・耐熱性・耐スチーム性・耐油性などが要求されるコーヒメーカ・アイロン水タンク・食器洗浄器の各種部品などがあります。高周波領域の電気的性質に優れているので、特殊電線被覆・高周波用コイルボビンに使用されるとか、マイクロ波の透過性がよいので電子レンジ用の食器や調理器具などの用途もあります。

④その他の分野

化粧品の容器やキャップ・芳香剤容器およびフィルムやラミネート紙としての用途もあります。

要点BOX

- ●結晶性で透明度のよい樹脂
- ●化学実験器具をはじめ医療分野・検査機器にも用途

ポリメチルペンテンの特徴

❶結晶性合成樹脂ながら透明で、可視光線透過率は90%以上です。
❷非強化グレードの比重が0.83と小さく、ガラス繊維30%入りグレードでも1.03です。
❸融点は、230～245℃です。
❹結晶化度は35～45%です。
❺ガラス転移温度は25℃と低いです。
❻熱劣化基準の連続使用温度は115℃です。
❼耐薬品性が良好で、酸・アルカリにも耐えます。ただし芳香族系溶剤・ガソリン・塩素系溶剤には侵されます。
❽耐熱水性・耐スチーム性に優れているので、蒸気滅菌による性質の劣化はありません。
❾絶縁破壊強さは良好です。誘電率・誘電損失が小さいので、高周波特性は良好です。
❿PEおよびPPより酸素・窒素・炭酸ガスの透過率が大きく、酸素透過膜として利用できます。
⓫耐候性はPPと同程度です。
⓬PPと同様に銅害があります。

電子レンジ用容器

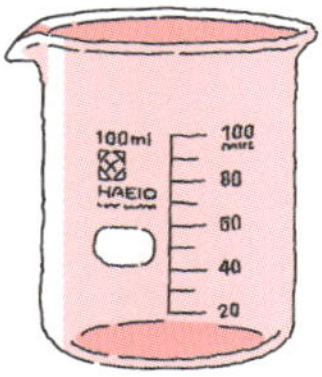
ビーカ

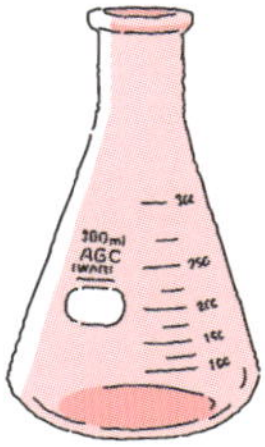
三角フラスコ

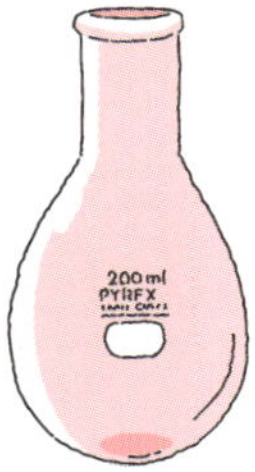
ナス型フラスコ

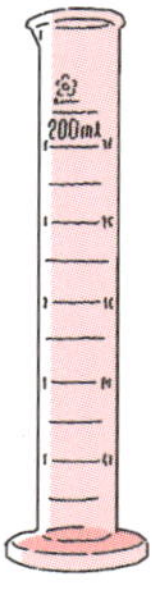
メスシリンダ

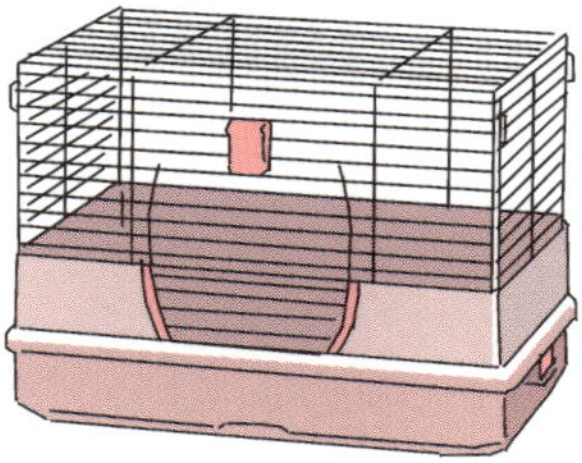
小動物飼育用ケージ

41 繊維素系プラスチック

セルロースを原料とする植物由来のプラスチック

木材由来のパルプや綿花からのリンター（いずれも主成分はセルロース）を各種の酸で処理して、セルロースの水酸基をエステル化やエーテル化して硝酸繊維素・酢酸繊維素・プロピオン酸繊維素・酢酪酸繊維素・エチル繊維素などがつくられます。これらの酸処理された繊維素は、セルロースの1つのグルコース単位にある3個の水酸基の酸による置換度によって性質が変化するので、用途に適合する置換度のものが選択されます。

①硝酸繊維素

2個前後の水酸基が硝酸で置換（硝化度と言います）されているものがプラスチック用として使用されますが、これに可塑剤として樟脳を添加して、捏和してからブロック状に圧延し、機械的に切削してシートがつくられます。耐圧シリンダを使用して水圧機で押出して、パイプ状やロッド状の素材がつくられます。用途は、シート加工による各種容器・玩具・ピンポン玉などや機械切削を併用しての眼鏡枠・櫛などがありました。さまざまな色や真珠模様のセルロイドの切断片を組み合わせてつくられる多彩な柄模様のシートは芸術的なものですが、パイプ状にした腕輪は装飾品として多く輸出されました。硝化度のやや高い流延法フィルムは銀塩感光の写真フィルムに使用され、さらに高い硝化度の無煙火薬（発射薬）もあります。

②酢酸繊維素

2個の水酸基が酢酸で置換されている2酢酸繊維素にフタル酸やリン酸系などの可塑剤が添加された成形材料で、射出成形・押出成形・ブロー成形で加工されます。用途には、歯ブラシの柄・玩具・ドライバーのような工具のハンドル、ブロー成形による二輪車の燃料タンクや金属インサート成形品としての旧国鉄急行列車の座席肘掛などもありました。三酢酸繊維素は流延法フィルムに使用されていますし、紡糸による繊維は煙草のフィルターや着物の用途があります。

要点BOX

- ●天然素材のセルロースからつくられるバイオプラスチックの仲間
- ●自動車安全ベルトプリテンショナーにも使用

繊維素系プラスチックの特徴

❶強靭です。
❷耐油性や耐ガソリン性には優れていますが、有機溶剤には溶解します。
❸艶・光沢・透明性に優れています。
❹耐候性は比較的良好です。
❺吸湿率や吸水率は大きいです。
❻可塑剤が添加されたグレードで成形されるので、変形基準の耐熱温度高くありません。

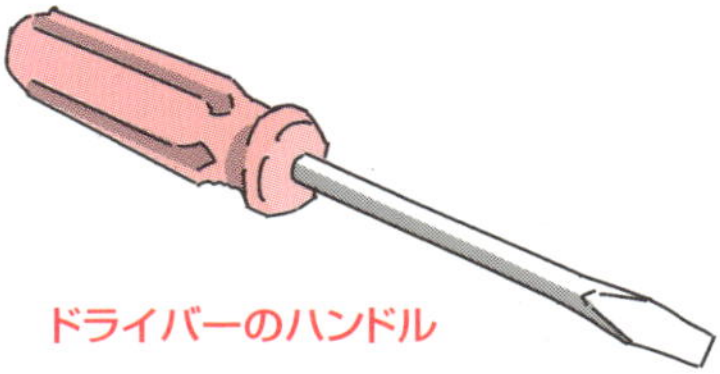
ドライバーのハンドル

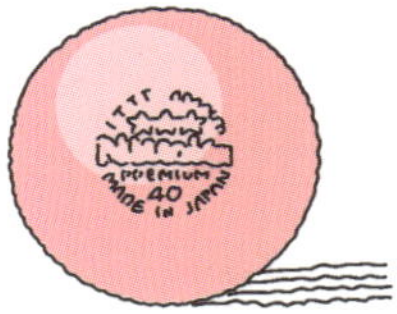

ピンポン玉

流涎フィルムに感光剤を塗布して写真フィルムに

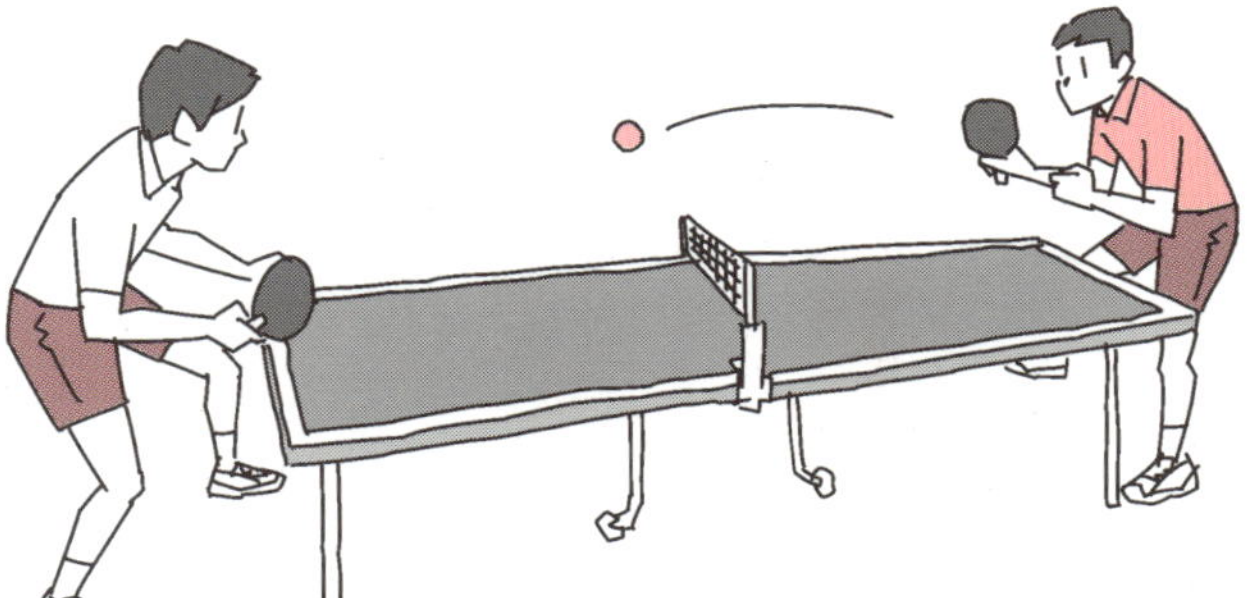

ピンポン玉は、湯で加熱したシートより半球状の成形品をプレス成形。半球成形品の接合部に接着剤として酢酸アミルを塗布して接合し、球形の金型キャビティの中に入れて湯で加熱しながら球体に成形します。

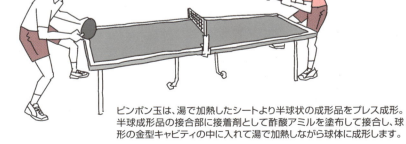

Column

正確な知識の習得

樹脂メーカの商品名が樹脂の一般名のように通用している例がありますが、正確な知識の習得は樹脂・プラスチックと間違いのない付き合いをするためにも不可欠のものと思います。この例としては、フッ素樹脂の「テフロン®」やポリアミドの「ナイロン®」がありますが、いずれも米国樹脂メーカの商品名です。開発当初からマーケットシエアが大きく、ユーザによく親しまれたことによって、一般名のように通用するようになったものと思います。ISO-1043（JIS-K6899）によると、「PAは材料名がポリアミド、参考（ナイロン）」となっているので、公式にはポリアミドと呼ぶべきものです。「ナイロン®」の最初は絹と同じ風合いの安価な繊維を作る研究の成果として米国で誕生したポリアミド66ですが、遅れて日本と欧州でポリアミド6が繊維用として開発され、これも「ナイロン®6」として、一般名のように通用しています。

スーパーマーケットでの買い物袋（レジ袋）はビニール袋とよく言われるし、新聞・テレビなどでも最近は少なくなったものの、ポリエチレン製の袋をビニール袋やポリプロピレン製の荷造り紐をビニールの紐と報道されることがあります。報道の正確性が重要なポイントであるはずの報道機関でなぜこのような誤った材料名が使用されているのかと奇異に感じています。終戦後、米国から塩化ビニル樹脂製の美しいバック・ベルトなどが持ち込まれ、羨望の的でしたが、塩化ビニル樹脂が次第に簡略化されてビニールと呼ばれるようになったのがルーツであろうと考えています。

家庭ごみや企業・病院からの廃棄物の分別には、正確な樹脂・プラスチックの名称で付き合わねばならないよい事例の1つです。環境に関するISO審査に合格している企業で、10種類以上の分別をしている事例やかなり以前にドイツの小学校の生徒がプラスチックについて学び、スーパーマーケットで簡素な包装の商品を買い、その包装材料を分別する番組が放映されました。正確な知識でプラスチックと付き合うためには、子供の頃からの教育とマスコミの正確な知識に基づく報道が重要であると痛感しています。

２０１４年12月の新聞に、「卓球のボール　セルロイドからプラ製に」との見出しでの報道がありました。セルロイドがプラスチックでないと誤解されるような記事で、正確ではないと考えさせられました。

第5章

プラスチックの成形加工法

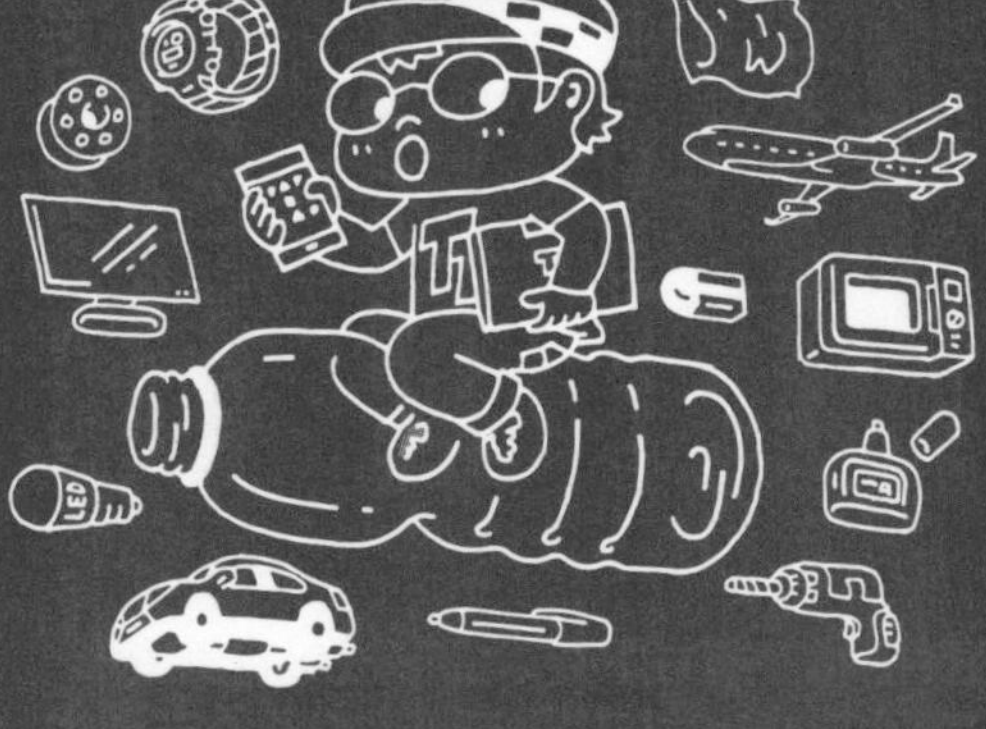

42 射出成形

最も重要な熱溶融による成形法

熱可塑性樹脂で最も重要な成形方法が射出成形です。原理的なプロセスを図に示します。

ホッパから投入されたペレットは、シリンダ内のスクリュの回転により前方に送られ、シリンダの外側に巻かれているヒータでペレットは加熱されて溶融します。溶融した樹脂にかかる圧力でスクリュは後退しながら溶融樹脂がスクリュの前方に定められた量だけ貯められます。これを同じスクリュを前進させて、金型のスプル・ランナ・ゲートを通して、形づくりたい形状につくられているキャビティに射出充填し、加圧しながら冷却して凝固させます。これを金型から離型して射出成形は完了します。

高品質化や生産性向上・合理化によるコストダウンのためのさまざまな成形方法があります。

①成形品の数字を最初に成形し、次にこの数字を囲むように外側の本体を成形する2色成形や異なる樹脂を使用する多材質成形があります。

②絵柄や文字を印刷してあるフィルムを、キャビティに挿入して、射出工程に移るインモールド成形があり、さまざまに表面加工してある表皮を成形品の表面に貼合することもあります。

③キャビティ面の完全転写を目的として高温度金型で射出・保圧して、直ちに冷却して離型するホットアンドクール成形があります。

④光ディスクや導光板などのキャビティ面転写をよくするための射出圧縮成形があります。

⑤窒素ガスや化学発泡剤を使用しての発泡成形があり、ひけ防止対策にも使用されます。

⑥射出成形で中空品を成形するガスアシスト成形および水アシスト成形があります。

⑦ダイスライドで組み立て位置に接合部を合わせてから2次成形する金型内組み立て法があります。

⑧コア層とスキン層を別々の成形機で射出するサンドイッチ成形法があります。

要点BOX

- ●熱可塑性樹脂で最も重要な成形法が射出成形
- ●金型の中で加飾したり組み立てたりする合理化・コストダウンの射出成形方法がある

射出成形の説明図

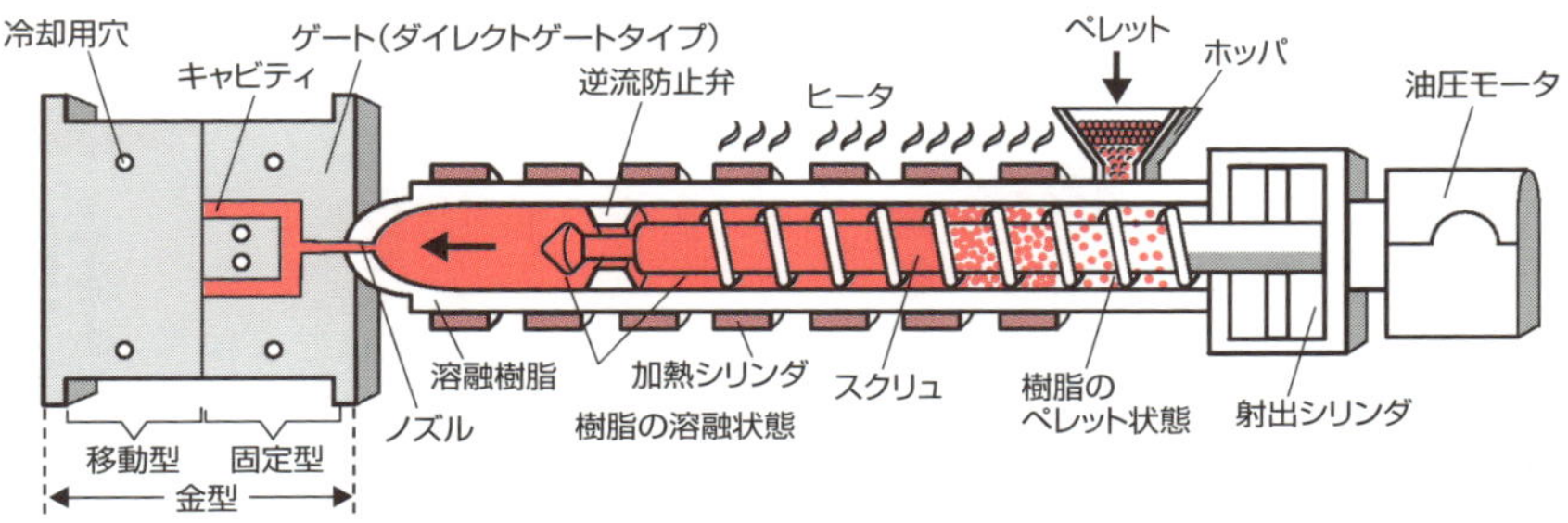

2色成形法の原理

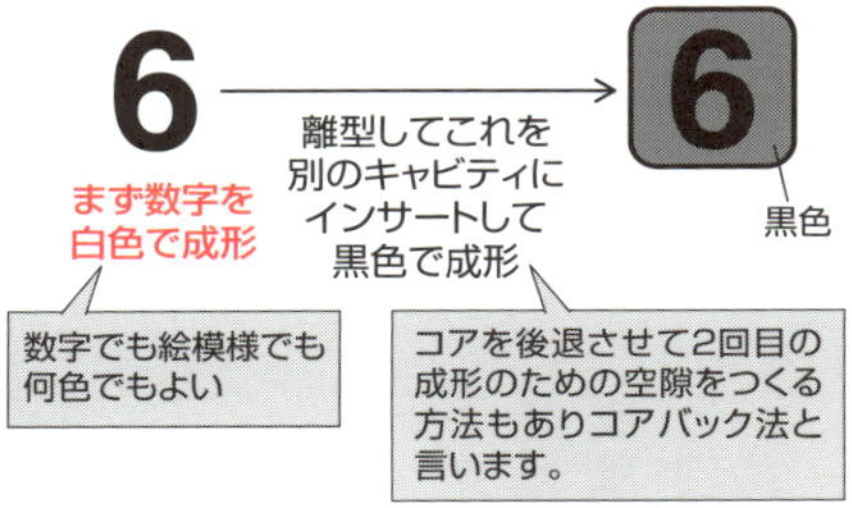

2材質成形の例

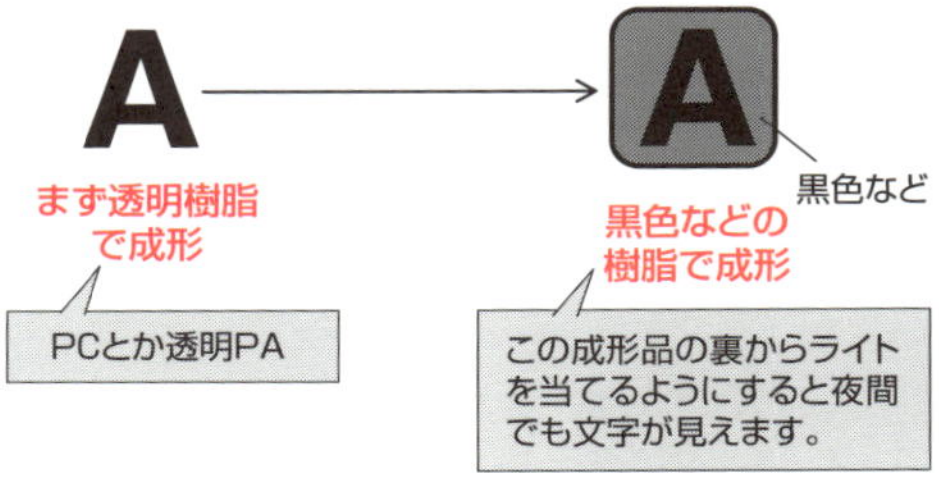

ホットアンドクール法による転写向上の成形

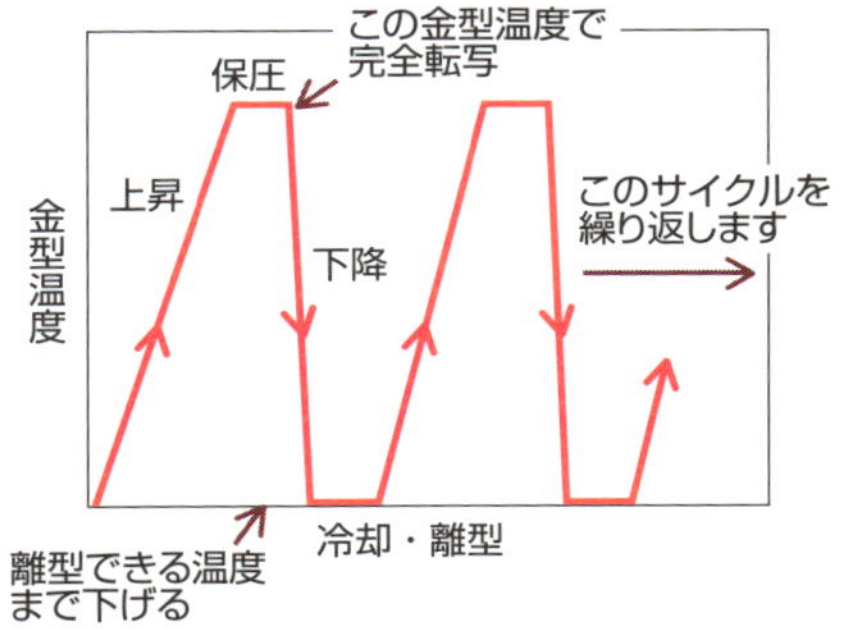

ガスアシスト射出成形のガス注入口の例

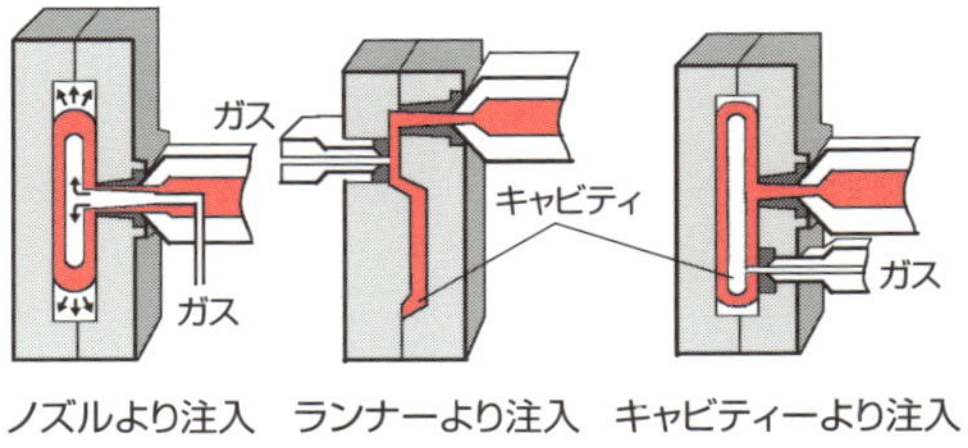

溶融圧縮成形(SPモールド)表皮材貼わせ一体成形のメインプロセス

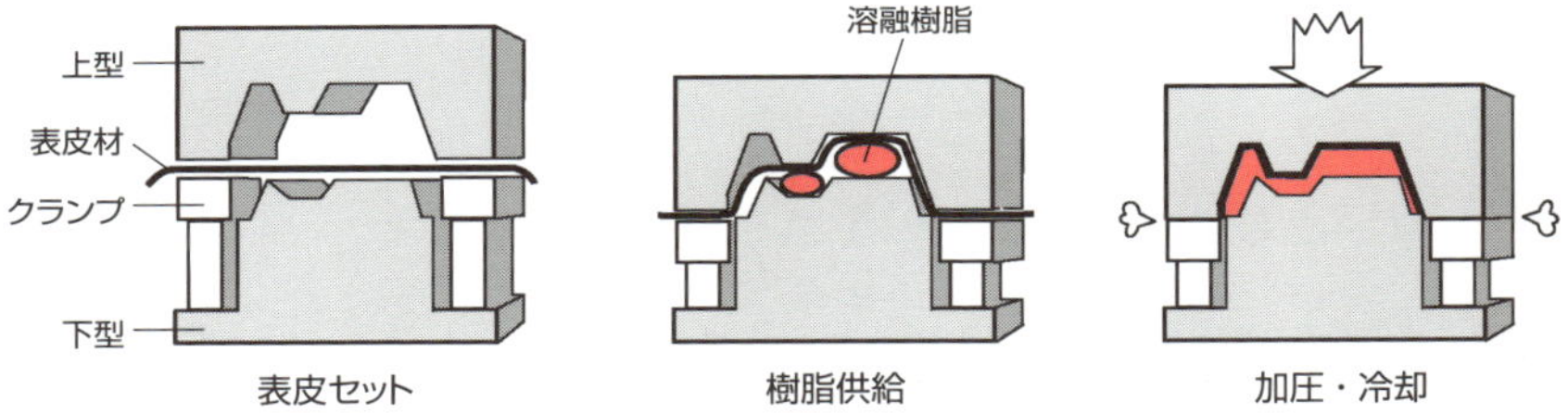

43 押出成形

ダイ形状によりさまざまな長尺成形品を成形加工

押出成形は溶融樹脂を形づくりたい形状にしてあるダイから押出して冷却する成形方法です。

①Tダイ法によるシートおよびフィルム

厚みが0・25㎜以上のものがシートでそれ以下の厚みがフィルムとされています。一般的なダイは溶融樹脂の流路がコートハンガーのような形状で、ダイリップで溶融樹脂の厚みが均一になるように流路深さやチョークバーなどで流量分布が最適化されます。ダイと押出機が直交するのでTダイ法といいます。ダイから出た溶融樹脂は冷却ドラムで冷却されますが、冷却ドラムの方式はシート厚みなどによって決められます。ダイリップの開き量や引き取り速度の調節によってシートおよびフィルムがつくられます。

②Tダイ法による多層フィルム

異なる樹脂で高機能の多層フィルムを成形します。

③インフレーション法によるフィルム

溶融樹脂を環状のダイから円筒状に押出し、この円筒状の溶融樹脂の内径部に圧縮空気を吹き込んで、溶融樹脂を膨らませて直径方向に延伸し、引き取り速度を押出速度より速くすることによって引き取り方向に延伸します。これによって2軸延伸フィルムとなります。

④パイプと異形品

パイプは円筒状に押出された溶融樹脂をサイジング装置で冷却固化してつくります。断面が異形状のものは、異形品形状に収縮率の不均一性が考慮された形状のダイが使用されます。

⑤押出コーティング

電線の被覆や商店街の鉄製旗竿の腐食防止などのためのワイヤコーティング法があります。

⑥ラミネーション

紙表面に溶融PEをコーティングする方法です。

⑦モノフィラメント

ノズルからの繊維を押出方向に延伸します。

要点BOX

- ●溶融樹脂を出すダイの形状と冷却方法を変えて、さまざまな長尺の成形品をつくる
- ●精度要求によって異なるフィルムの作り方

シート押出成形装置

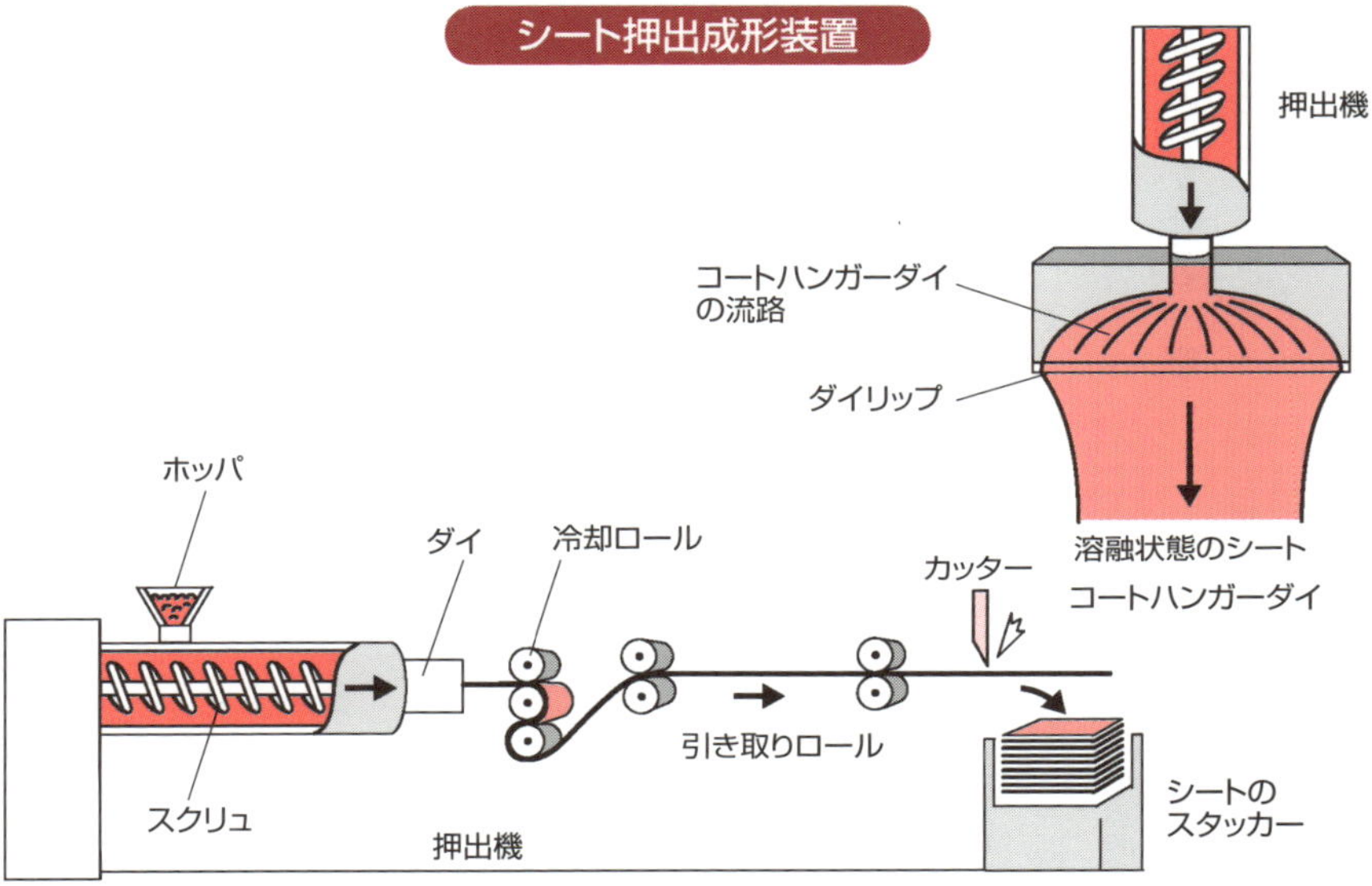

フィルムのインフレーション法

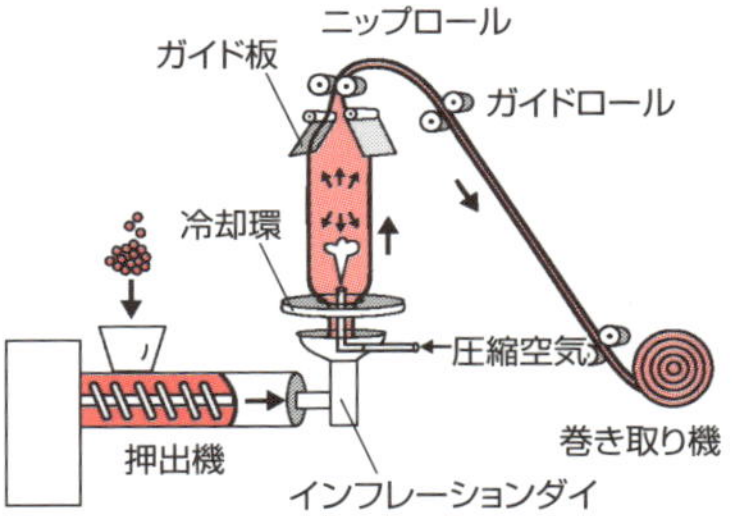

ストレートダイによるパイプ・チューブの押出

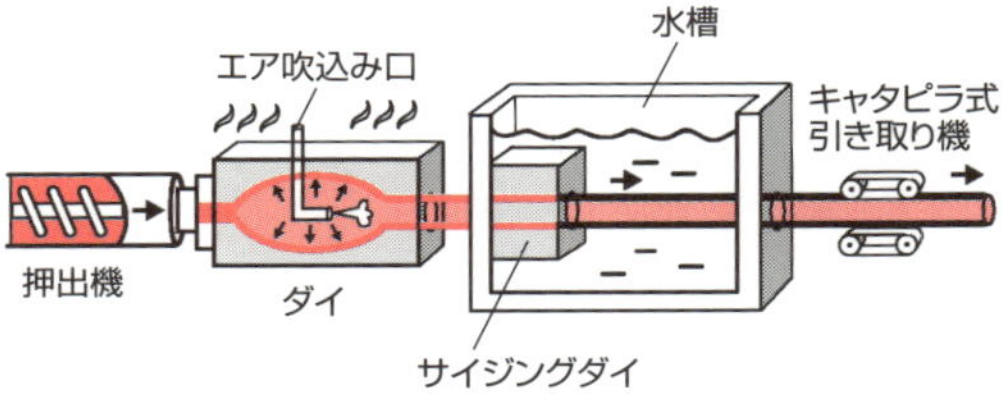

電線コーティング用ダイの例

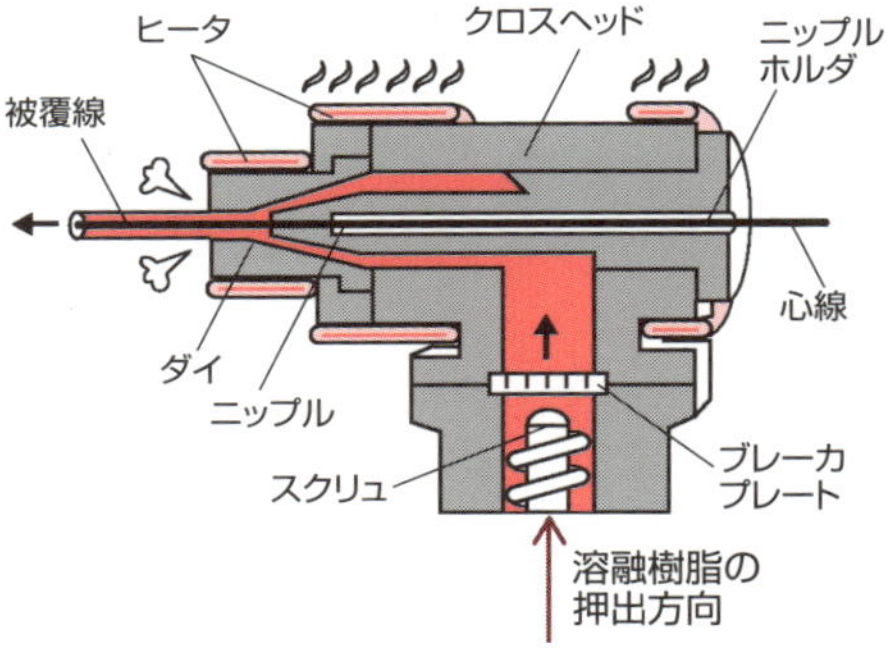

44 ブロー成形

ボトル形状を成形する主役

吹き込み成形・中空成形ともいいますが、瓶の基本的な成形方法です。

①押出式ブロー成形

押出機で可塑化した溶融樹脂を円筒状のダイから押出して、パリソンといわれる円筒状の溶融体をつくり、これを成形したい形状のキャビティに加工してある金型で挟み、圧縮空気を吹き込んで、パリソンをキャビティ面に沿わせて成形します。パリソンが自重で垂れ下がる（ドローダウン）と、パリソン各部の厚みが不均一になり、ブロー成形した瓶の厚みが不均一になります。ドローダウン防止のための樹脂グレードの選定とアキュムレータを使用して、一気に溶融樹脂を押出す機械装置的対策があります。また瓶の直径差があると吹き込み比が異なり、厚みが均一にならないので、パリソン厚みを吹き込み比に従って変化させる制御を行うことがあります。

②射出式ブロー成形

射出成形で有底のプリフォームを成形し、これをブロー成形用金型に移動させて圧縮空気でブローします。この成形法の最重要ポイントは、射出成形で離型できる金型温度とブロー成形ができるプリフォーム温度の最適化です。

③2軸延伸ブロー成形

同じ装置内で、プリフォームの射出成形と2軸延伸ブロー成形をするものを、ホットパリソン法とか同時2軸延伸ブロー成形といいます。これに対してあらかじめ成形してあるプリフォームを延伸温度に加熱しての2軸延伸ブローを、コールドパリソン法とか逐次2軸延伸ブロー成形といいます。

④3次元ブロー成形

金型を3次元的に移動して、パリソンをキャビティに導入してブロー成形する方法です。3次元的な屈曲形状の成形品やドローダウンしやすい樹脂でもブロー成形できる可能性がある成形方法です。

要点BOX

- ●ボトルの基本的成形方法
- ●PETボトルは射出成形によるプリフォームを使用する2軸延伸法でつくられる

押出式ブロー成形

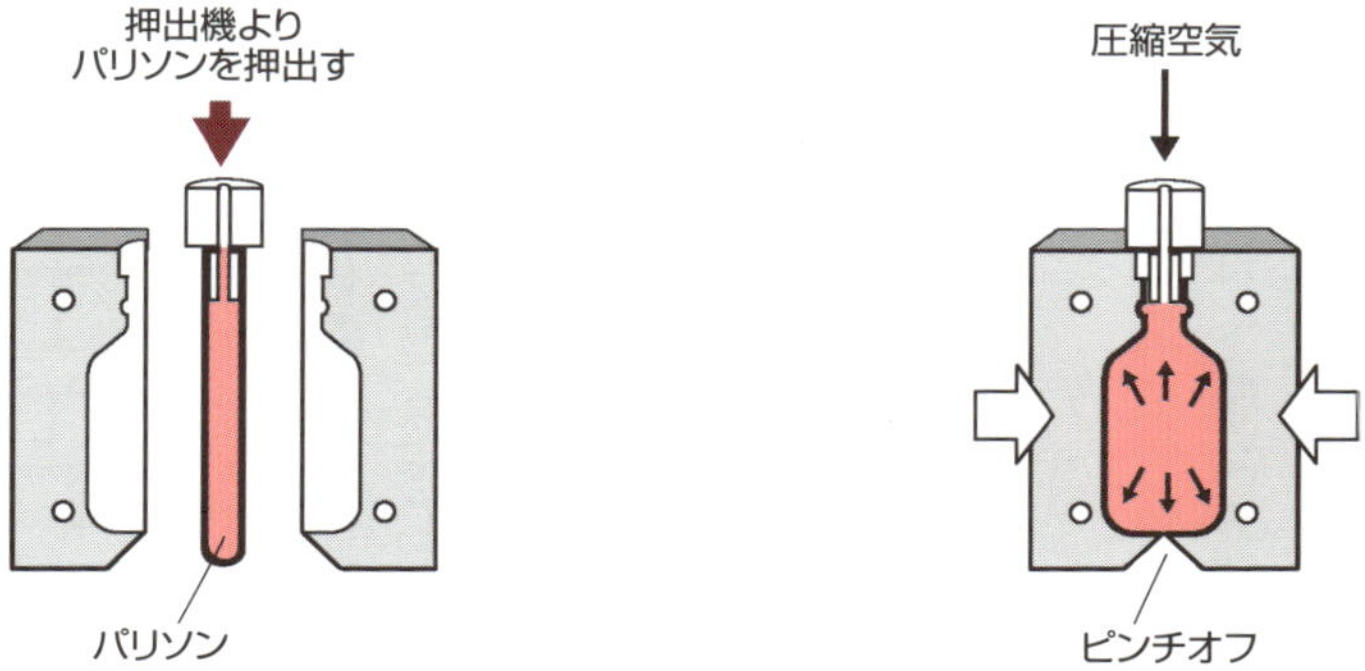

射出式ブロー成形の概念図

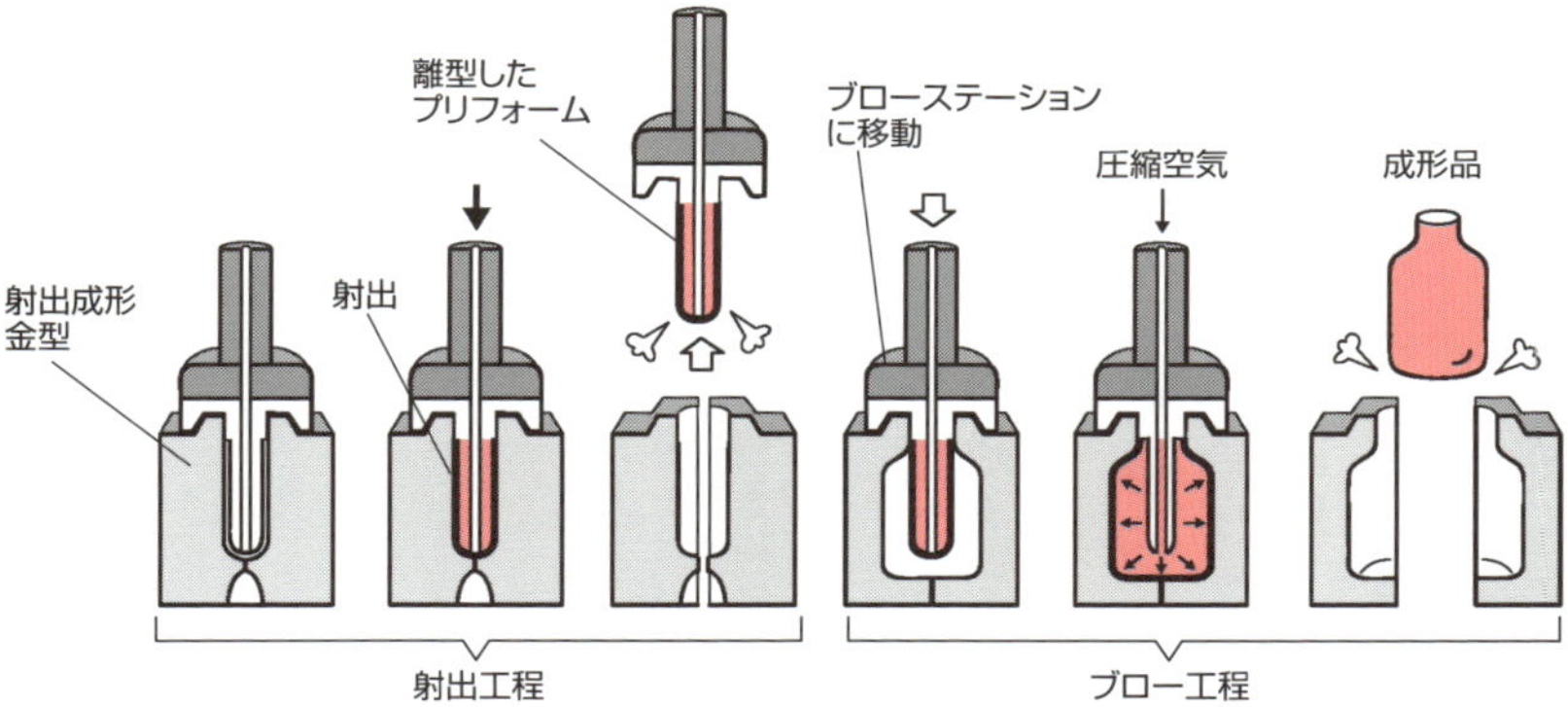

逐次2軸延伸ブロー成形法

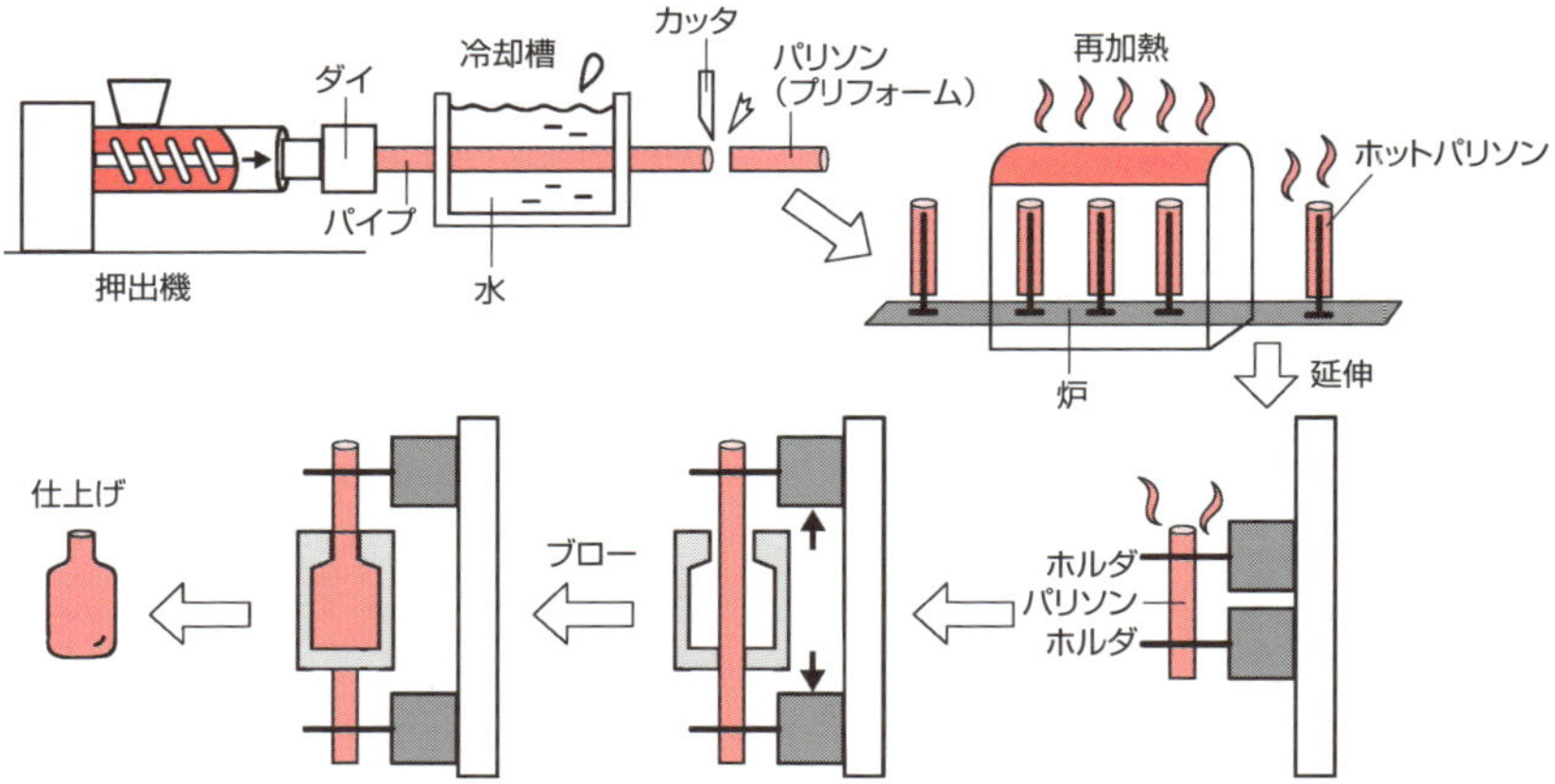

45 真空成形および圧空成形

生活を豊かにするシートの熱加工成形

①真空成形

冷蔵庫の内張りや看板などの大形成形品から弁当容器・コップ形状容器・発泡ＰＳシートのトレー・卵のパックなどが真空成形でつくられています。

基本的な加工法であるストレート法は、小さい多数の通気用の穴がある木・石膏・金属などでつくられている雌型キャビティに加熱したシートを置き、このシートで塞いだキャビティ内の空気を金型の通気穴から排気して真空状態にすると、加熱されているシートは大気圧で絞り込まれてキャビティ面に沿うように成形される原理を利用したものです。深い形状の成形品では深く絞り込まれることによって、成形品各部の伸び率が異なり均一な厚みの真空成形ができません。このような厚みの不均一発生を防止するために、加熱されているシートを、雄型や別につくられたプラグなどを用いて予備的に少し成形してから真空で引くとか、加熱されているシートを圧縮空気でブローして予備的に延ばしてから真空成形するなどの方法があります。

シートの引張強さおよび伸びは温度によって変化するので、真空成形でのシートの加熱温度は、成形品の形状による絞り率に相当する伸びになる温度です。この温度でシートの強さ・弾性率が不足すると、シートは自重で垂れ下がり真空成形はできません。この理由で結晶性合成樹脂では真空成形ができませんでしたが、さまざまな改質で真空成形ができる樹脂グレードが開発されています。電子レンジで加熱できるＰＰシートはこの例です。

②圧空成形

真空成形は大気圧による絞り加工ですが、より高い圧力を必要とするものでは、真空だけでなく、加熱しているシートの上からの圧縮空気でキャビティ面に押しつけるようにして成形します。２軸延伸フィルムのように収縮力が働くシートでは必須の成形法です。

要点BOX

- ●真空成形は、シートの高温での弾性率の点から非結晶性合成樹脂が有利
- ●加熱時に垂れ下がりやすい結晶性合成樹脂

ストレートタイプの真空成形法

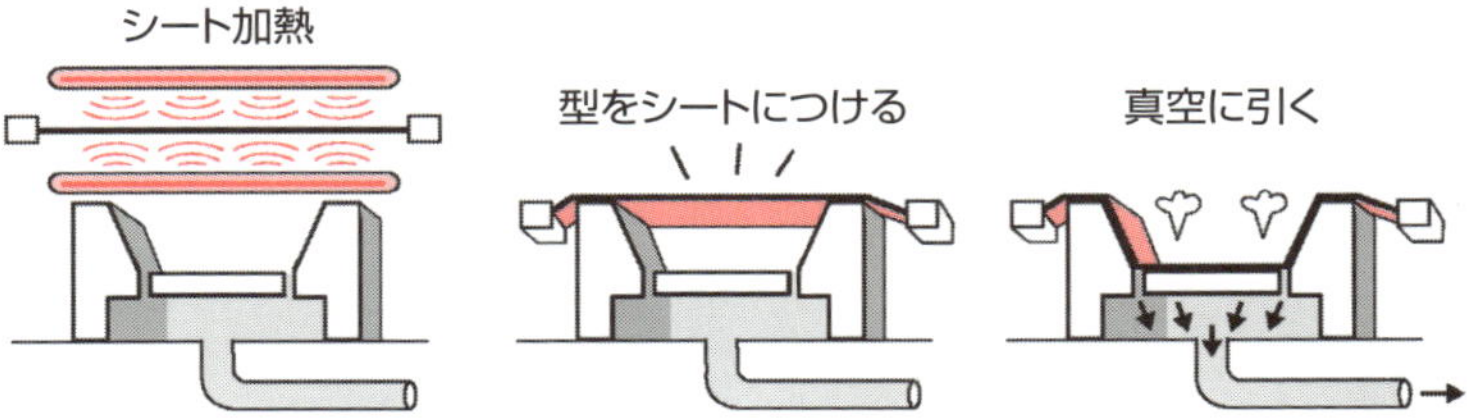

ドレープ成形

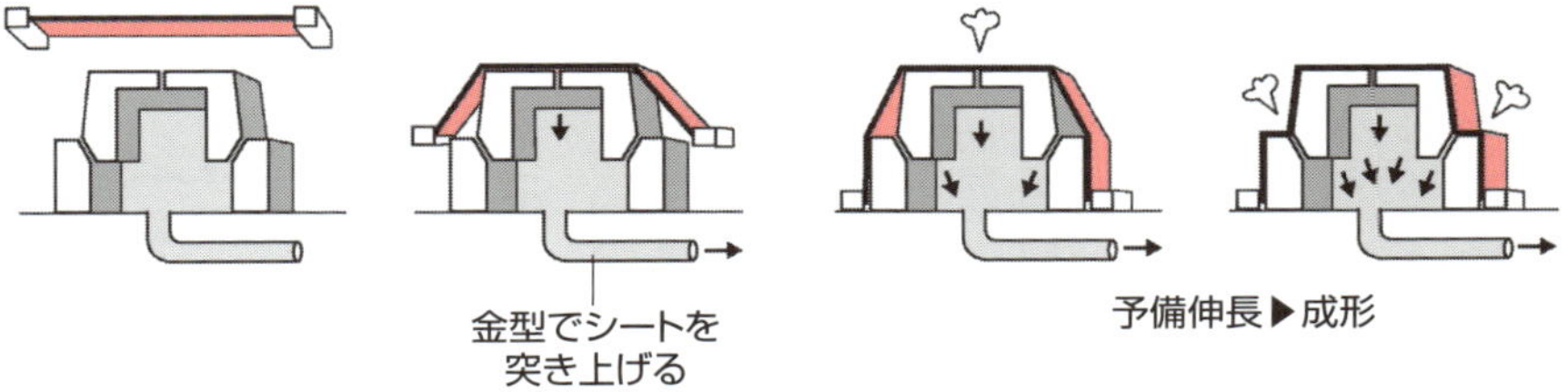

プラグアシスト成形

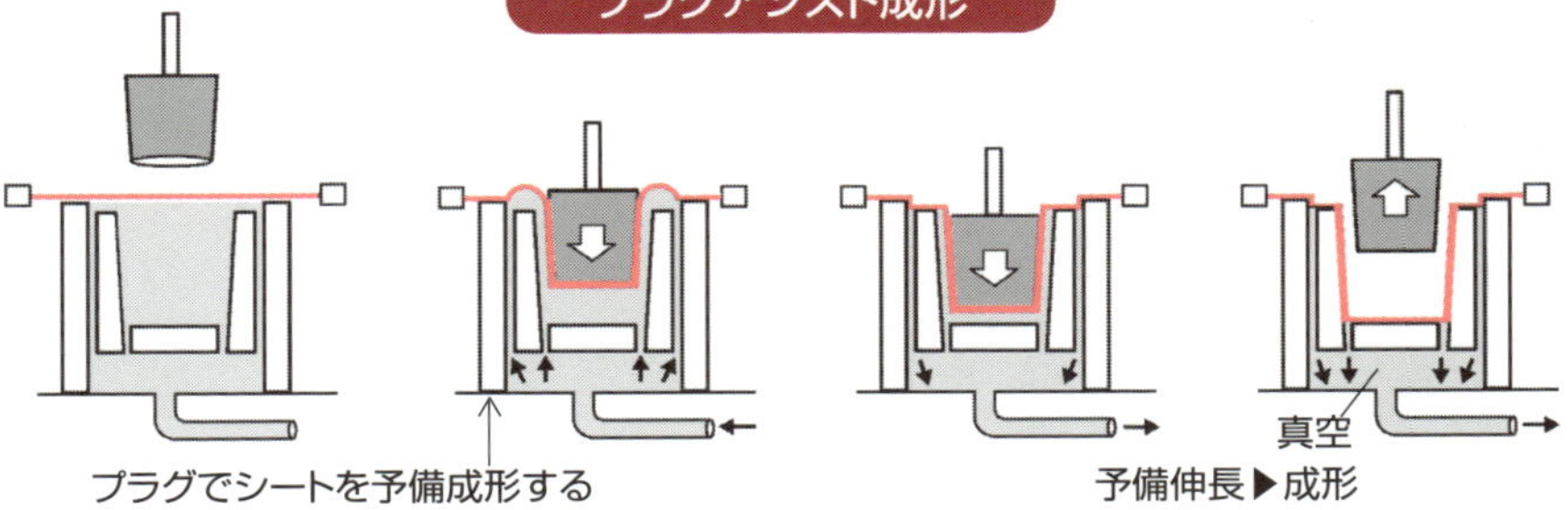

圧空成形法

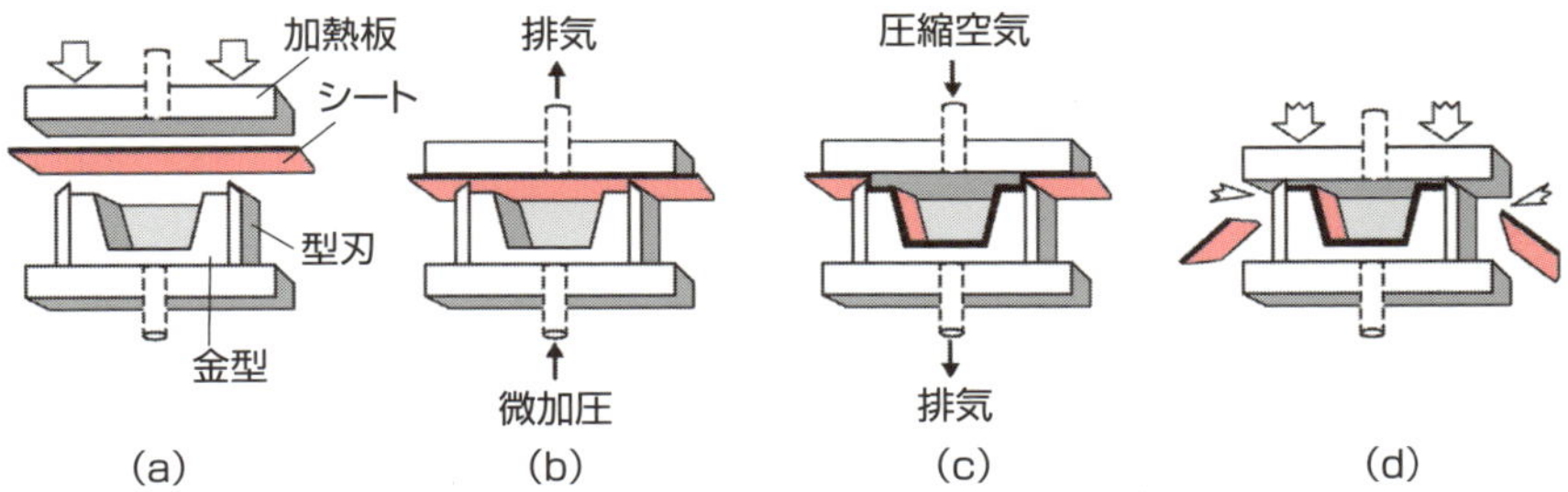

46 プラスチックの2次加工（組立）

各種の熱溶融接合や接着剤接合と多彩

①熱溶融接合

(a)高周波加熱すると、樹脂の化学構造によっては分子の摩擦衝突で発熱します。高周波溶接は実用的にはPVCの接合に利用されています。

(b)最もよく利用されている超音波溶接方法は、高周波発振器からの電気振動を電歪振動子で機械的縦振動に変換し、これによる接合面での摩擦熱発生を利用するものです。

(c)2つの成形品を前後左右に互いに反対方向へ往復摩擦して摩擦熱を発生させて溶融させる摩擦溶接があります。

(d)レーザ接合では半導体レーザが使用されます。レーザを透過する部品とレーザを吸収する部品を組み合わせ、レーザをレンズで集光して接合面に焦点を合わせて照射し熱溶融させます。

(e)PEガスパイプの継ぎ手に使用されている熱線接合では、熱線をインサート成形した継ぎ手で組み立て、熱線に通電してPEを溶融します。

(f)接合するところに金属粉末を練り込んだ同質の樹脂片を挟み、高周波で金属を発熱させて樹脂を溶融する誘導加熱接合があります。

②接着剤による接合

接着剤には、そのプラスチックを溶解する溶剤、溶剤に同種の樹脂を溶解させたドープ、熱可塑性樹脂を使用した溶剤タイプの接着剤、熱硬化性樹脂を使用した接着剤、紫外線硬化タイプやホットメルトタイプなどがあります。結晶性樹脂では接着面の濡れ性をよくするための前処理が必要です。

③機械的接合

成形ねじによる組立・セルフタッピンネジによる組立・樹脂のばね弾性を利用するスナップフィットやプレスフィットによる組立・かしめによる締結があります。スナップフィット締結は、組み立てのコストダウンやリサイクルの効率化を目的として使用されます。

要点BOX

- ●熱で樹脂を溶融する接合法には、さまざまな熱溶融の方法がある
- ●結晶性樹脂の接着は表面処理法がポイント

高周波接合

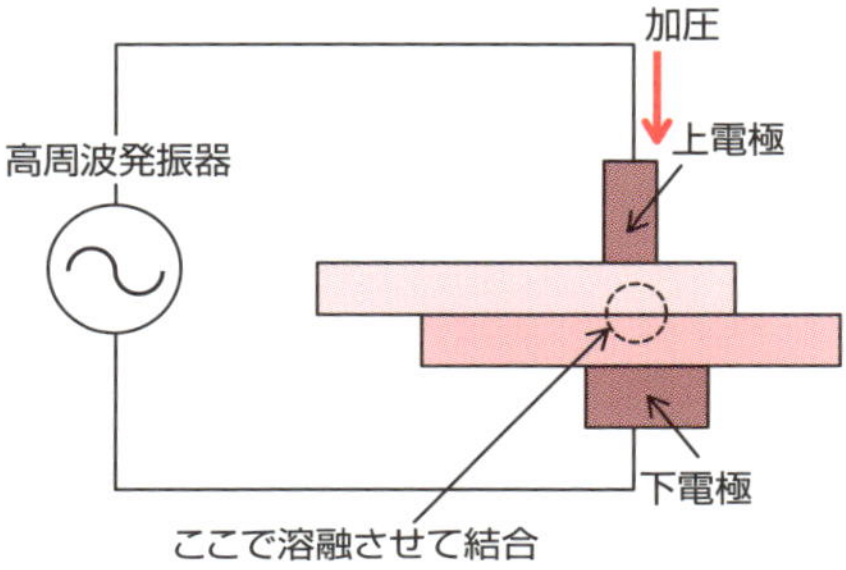

超音波接合

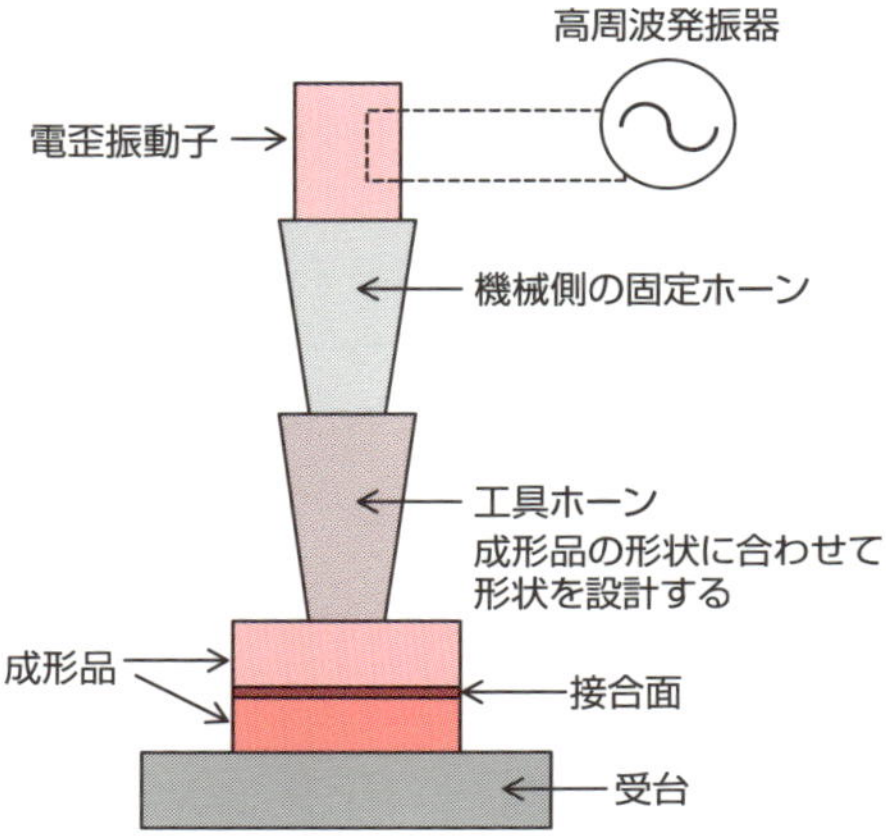

レーザによる接合

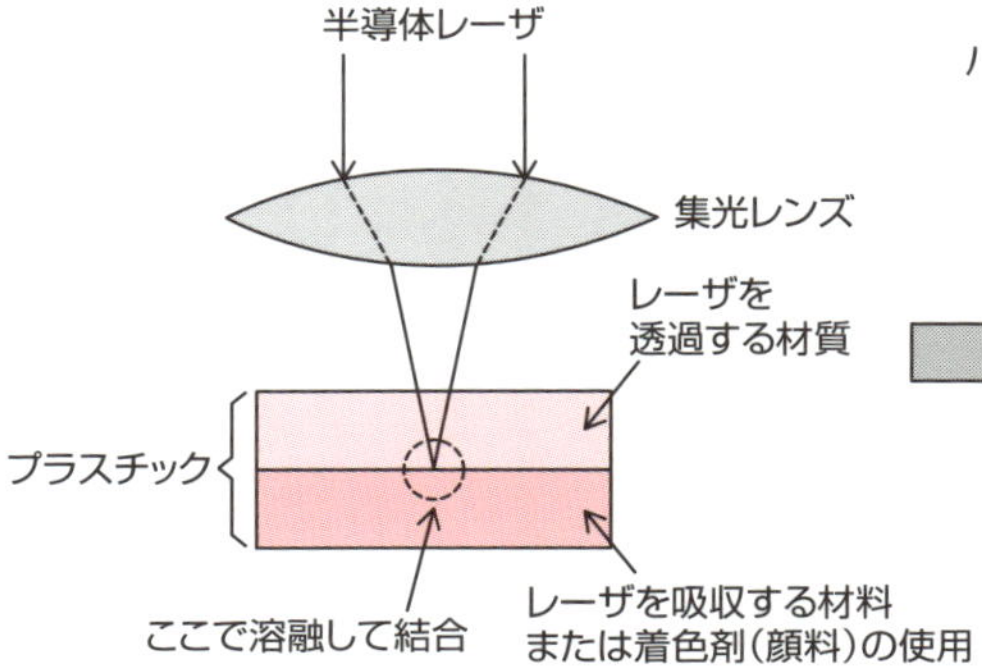

熱線利用による接合

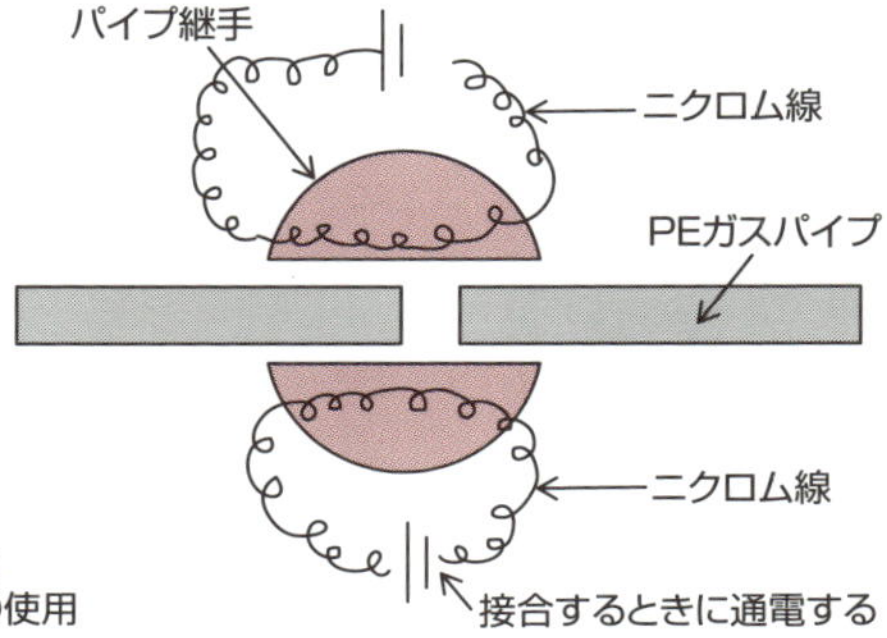

結晶性プラスチックの表面水濡れ性向上のための表面処理の方法

酸などの化学薬品によるエッチング
プラズマ処理（真空中でなく空気中でも可能）
コロナ放電処理
フレーミング処理（火焔処理とも言う）
オゾン処理
紫外線処理

47 プラスチックの2次加工（表面加飾）

印刷や光輝処理による付加価値増大

①印刷

(a)シルクスクリーン印刷は、ポリエステルやステンレス繊維による200~300メッシュの網で刷版をつくり、インクをスキージという治具で網目から押し出して印刷する方法で、平面・円筒面などの射出成形品・押出成形品・ブロー成形品への印刷が可能です。

(b)グラビア印刷は、写真製版で文字や絵が凹状になっている刷版をつくり、凹版の余分のインクをドクターナイフでかき取り、被印刷物にローラでインクを転写するものです。

(c)フレキソ印刷は、弾力のあるシリコーンゴムまたは樹脂を使用した凸版による印刷です。

(d)パッド印刷は、シリコーンゴムパッドで凹版内のインクをオフセット印刷するものです。

(e)摩擦で文字が消えない含浸印刷は、特殊インクによる印刷フィルムを使用して、インクを深さ方向に選択的に浸透させる印刷方法です。

②メタライジング

(a)めっきは、成形品を薬品処理して水濡れ性を付与すると共に機械的アンカーをつくり、化学反応で銅やニッケルを成形品の表面に析出させて導電性を付与します。その後金属と同様の方法で銅・ニッケル・クロムのめっきをします。

(b)真空蒸着は、高真空中で主としてアルミニウムを加熱蒸発させ、金属状態で成形品の表面に析出させるものです。

(c)スパッタリングは、高真空度でアルゴンガスのような不活性ガス中でニッケルクロムやクロムなどのターゲットと成形品間に高電圧を印加して、飛び出した金属を表面に付着させます。

(d)ホットスタンピングには、着色された金属蒸着層を金属製刻印により文字や絵を成形品表面に転写するものと成形品の凸部にラバーで圧着して金属色を転写するラバー押しがあります。

要点BOX

●各種の印刷方法から目的に合わせて選定

●光輝処理の方法には、湿式と乾式がある

グラビア印刷の印刷部

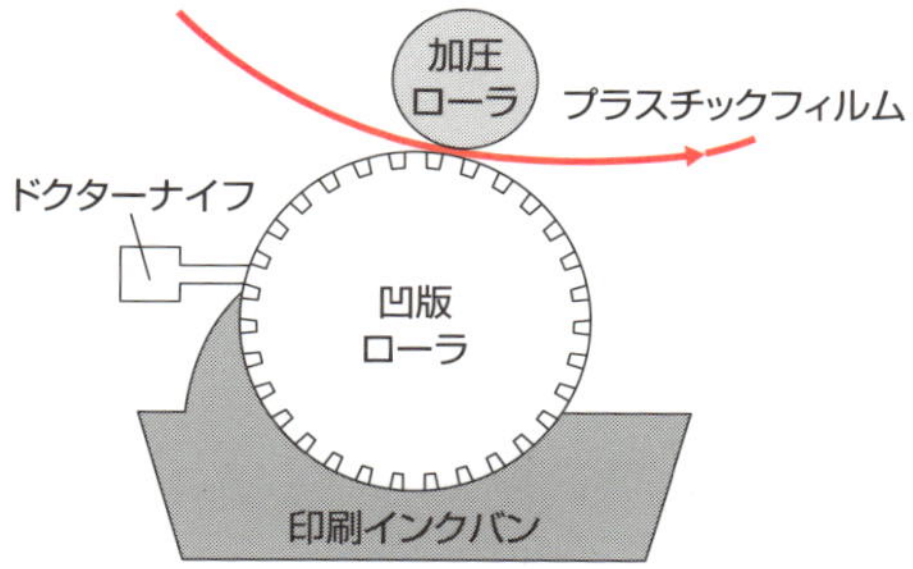

スクリーン印刷

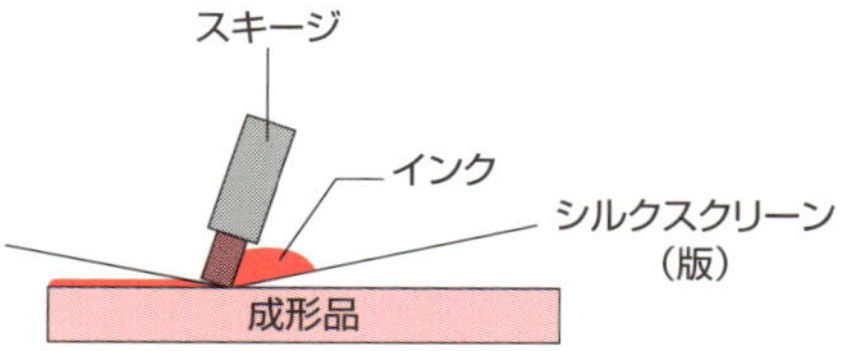

含浸印刷（熱転写法）

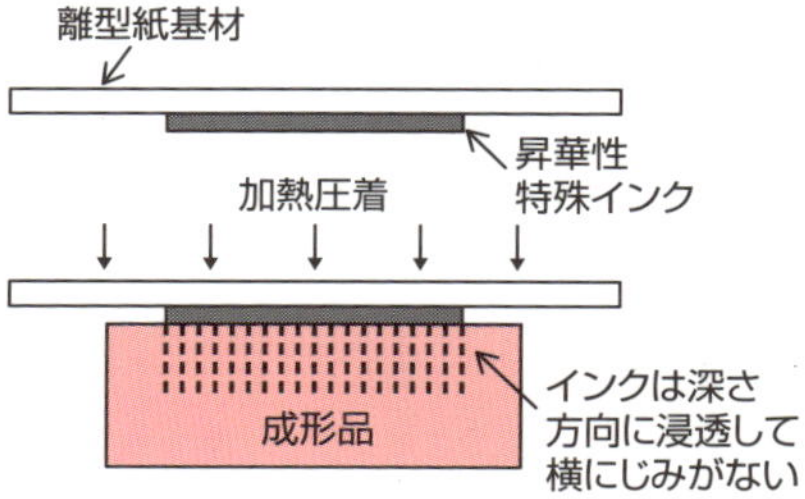

樹脂めっきのプロセス

射出成形
↓
脱脂
↓
エッチング
↓
キャタリスト付与
↓
アクセレレータによる活性化
↓
無電解めっき
↓
電気めっき

真空蒸着法

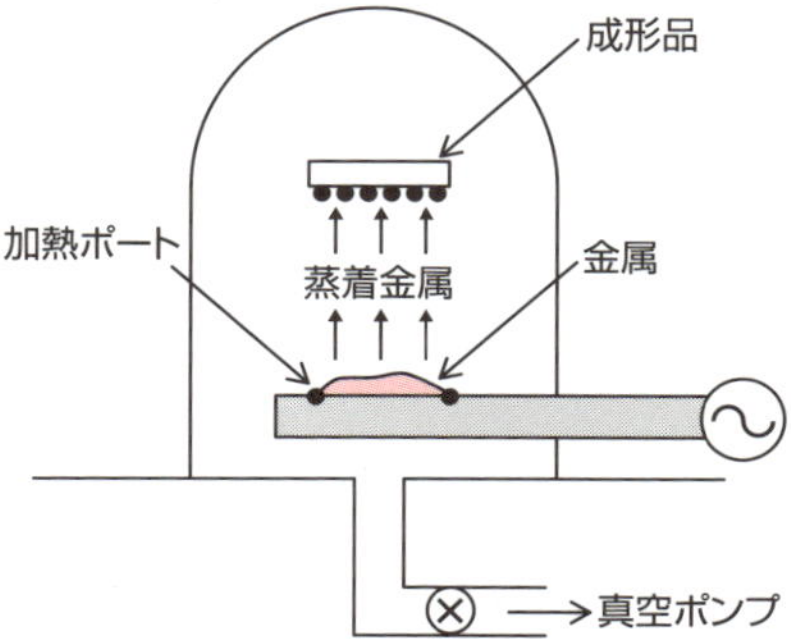

刻印押しホットスタンピング

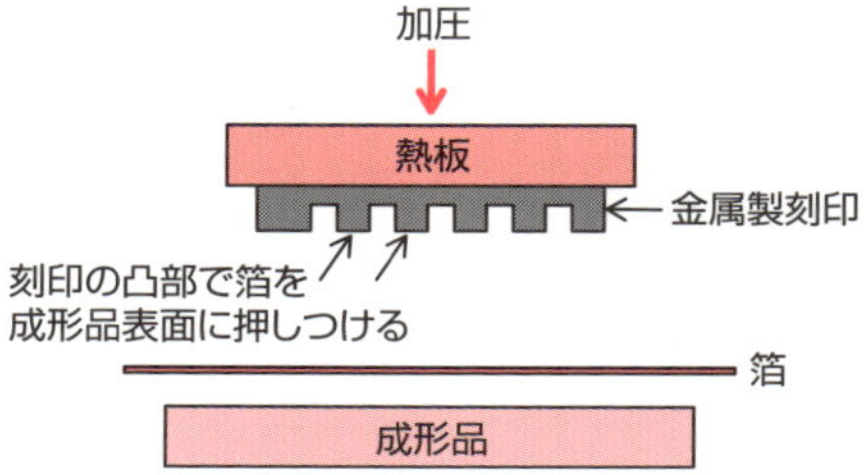

箔の構成の例

キャリヤ（ポリエステル台紙）
離型剤コーティング
ラッカー（塗料）
蒸着金属層
接着剤層

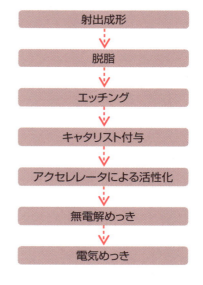

Column

高付加価値とコストダウンのための複合成形

熱可塑性樹脂の成形では、射出成形が最も重要で、最も多く使用される成形方法です。溶融した樹脂をつくりたい形状のキャビティに射出して、加圧・冷却するだけで、成形機や金型さえあれば高度な成形技術を必要としないことから、日用品や雑貨などの成形品の分野には簡単に参入できます。工業部品のプラスチック化を契機として、金属と同等の寸法公差および形状精度での成形が必須となり、精密成形技術の高度化が求められ、金型設計技術での対応と成形機性能では成形条件フィードバック制御技術の進歩がこれを支えました。成形機の性能は現在サーボモータ使用の制御性能がさらに優れた電動射出成形機へと進化しています。

単品成形品では、ハイサイクル成形によるコストダウンが求められるので、その対応策としての金型設計・成形機性能の進歩がありますが、成形品を離型後に表面加飾し、組み立て、セミアセンブリ成形品に仕上げることによって利益率向上を図るときには、コスト高の要因となる二次加工コストの比率をいかにして低下させるかが問題となります。亜鉛ダイカスト部品を材料価格が大きく異なるPOMで代替できたのは、亜鉛ダイカスト部品の後仕上げと塗装などのコストを含めた価格と射出成形だけで製品となるPOMで価格競争力があったためですが、これと同じように離型後の各種印刷や塗装を射出成形と同時に金型の中で行う各種の複合成形は、高付加価値化とともに二次加工のコストダウンに大きく寄与するものです。例えば、成形品表面に文字や絵をつけるときのタンポ印刷やホットスタンピングの代わりに、色の異なるグレードや透明グレードと黒色グレードの組み合わせなどによる2色成形(ダブルインジェクション)はその好例です。

文字や絵柄を印刷したフィルムを金型に挿入してから射出成形するインモールド成形も射出成形と加飾を同時に行うコストダウンの方法の1つです。金型構造の工夫によって射出成形と同時に金型内で組み立てが行われることもありますし、樹脂成形品や金属部品の表面をプラズマやレーザーで処理してインサート成形での相互の密着性を向上させる異材質複合成形で、高性能化する技術の進歩もあります。しかし例えば熱膨張率が異なる金属と樹脂との複合成形品の長期間使用による破損寿命の予測のようにマイナス面の検討も不可欠です。

第6章

生活を豊かにするプラスチック

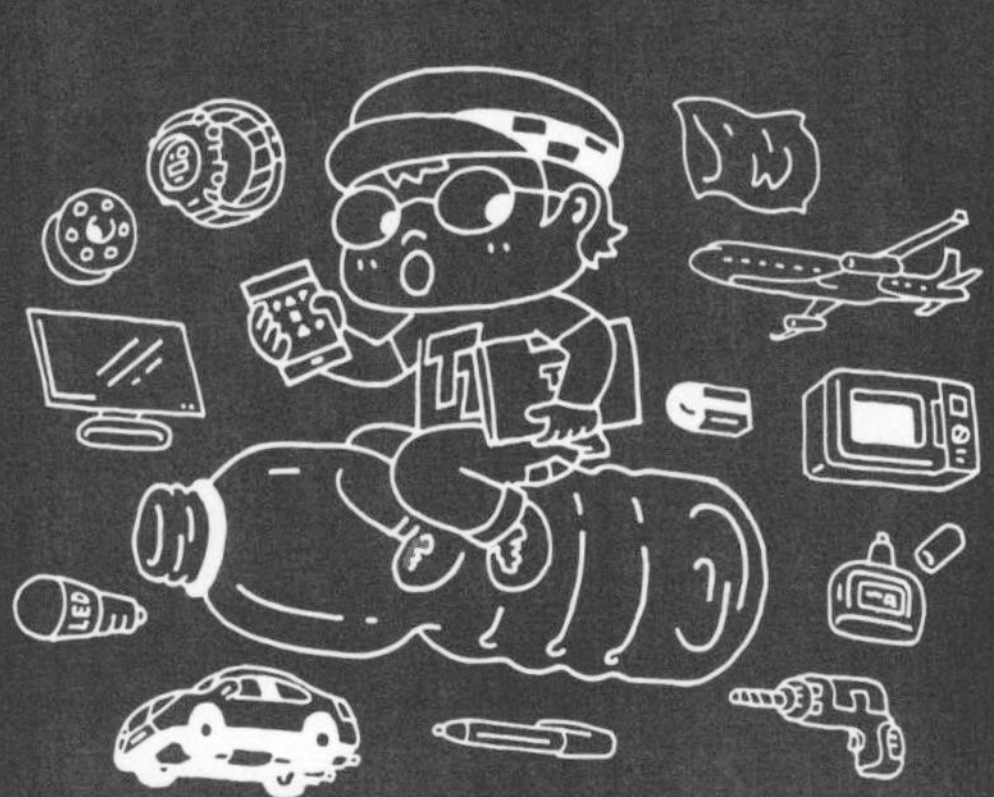

48 自動車外装品

軽量化に寄与するプラスチック

フロントおよびリアバンパーは、耐衝撃性が吟味されているPP特殊グレードです。PPの耐候性が問題となるので、車体と同じ塗装がなされますが、車格によってはカーボンブラックによる黒着色品もあります。ラジエータグリルはめっき可能のABS樹脂が多く使用されますが、無機充填材によるPP複合グレードのものもあります。パノラマサンルーフはモジュール化されている樹脂外枠に、ハードコートPCがガラス代替として使用されています。軽量化のための窓ガラスのプラスチック化では、耐衝撃性が重視されるフロントガラス以外の窓ガラスが検討の対象となります。リアハッチバックパネルの樹脂化も進んでいます。車体鋼板の傷つき防止や意匠性などの観点から、サイドガーニッシュとしてPC／ABS樹脂アロイグレードが使用されることもありますが、柔軟性のあるプラスチックサイドモールもあります。タイヤのホイルカバーはm-PPE／PAアロイグレードでしたが、薄肉化のために耐熱性・耐衝撃性・流動性のバランスのよいPC／ABSアロイが多くなっています。ドアミラーのハウジングはABS樹脂製ですが、耐候性の観点から車体と同じ塗装がされています。またミラーを動かすためのPOM製の各種ギヤが内蔵されていますし、ステーは金属からポリアミド高剛性・良外観グレードに代替されるものがあります。耐候性と透明性のよいPMMAの各種テールランプカバーやサンバイザーがあります。

ガラスの代替化が進んでいるものにPCヘッドランプレンズがありますが、ランプリフレクターはFRPやPPSです。ドア開閉のためのアウターハンドルは、多くはめっき品ですが、黒着色PC／PBTアロイなどもあります。POMのドアロック、PBTのリアワイパーアーム、車種などを表示するエンブレムもあります。ウエザーストリップには熱可塑性エラストマーが使用されていますし、リアスポイラーはブロー成形品です。

要点BOX

- 軽量化のためにプラスチックは活用されている
- 既存素材との代替も進んでいる

自動車外装に使用されるプラスチック

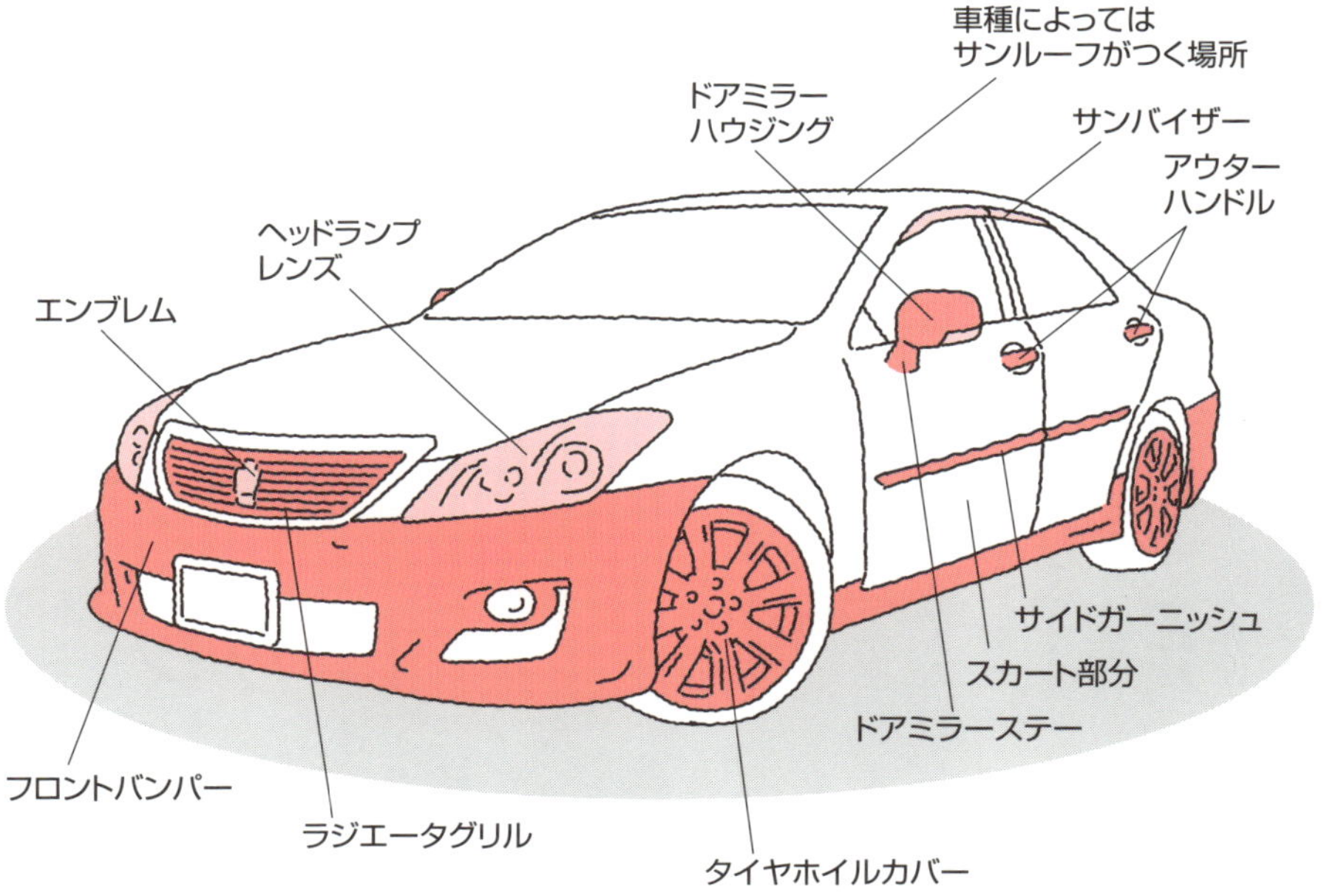

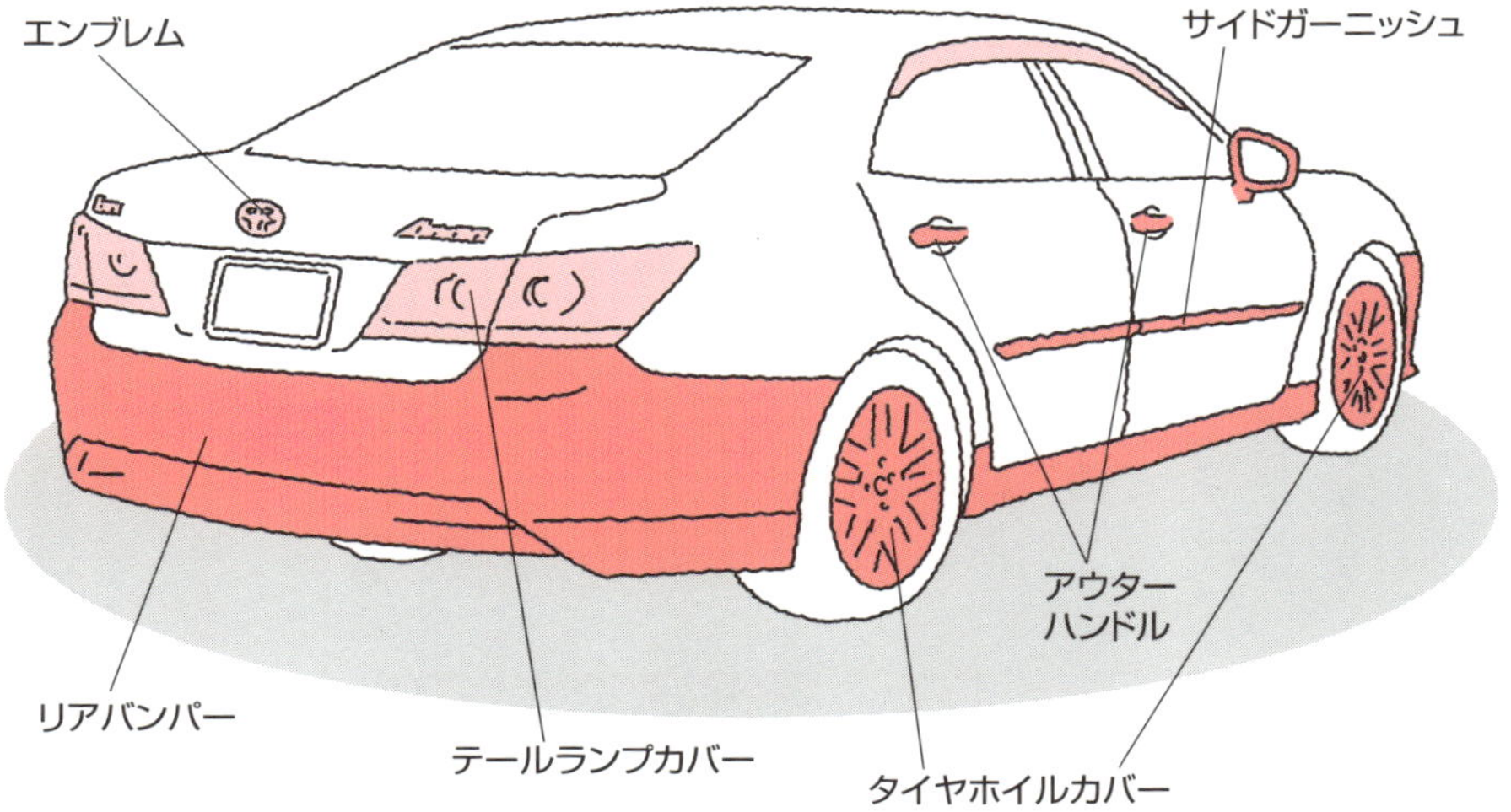

49 自動車エンジンルーム

軽量化と耐熱性・耐薬品性も重視のプラスチック

　エンジンルームの中の環境は、温度だけでなくプラスチックにとっては厳しいものですから、樹脂グレードの選定は慎重に行われています。エンジンの騒音低下のためのヘッドカバーは耐熱性・耐薬品性の点からPA強化材が使用されています。エンジン冷却ファンおよびファンシュラウドはPP製です。ファンはベルト駆動でそのカバーもPPでできています。PP複合グレードのエアクリーナもあります。欧州で開発されたエアインテークマニホールド（燃料混合気体を各エンジンに送る分配管）は、PAガラス繊維強化グレードが使用され、摩擦溶接からレーザ溶接で組み立てられるようになりました。エアインテークダクトは熱可塑性エラストマーを素材にして3次元ブロー成形でつくられています。エンジン冷却系統では、ロングライフクーラント（LLC）のラジエータ液タンクやポンプも耐熱性・耐熱水性・耐薬品性の観点から樹脂が使い分けられていますが、ポンプ部品では耐熱水性に優れているPPSが候補材となります。エンジンルーム内のさまざまな部品をコンパクトに組み立てる合理化および軽量化・コストダウンのためにガラス長繊維強化PPやPAによるフロントエンドモジュールがあります。

　環境問題を解決するために開発されたガソリンガスを吸着して再燃焼させるためのPAによるキャニスターや、日本で最初に開発されたPBTによる排気対策バルブがあります。このバルブは超音波接合で組み立てられています。ガソリンタンクのPE化は進んでいますが、PEはガソリンガスを透過するので、EVOHとの多層複合でのブロー成形でつくられています。燃料ポンプモジュールはPOM製ですし、燃料を各気筒に分配するためのフューエルレールも樹脂化されました。ブレーキオイルチューブはPA12です。初期のバッテリーケースは、AS樹脂でプラスチック化されましたが、PPに代替されています。

要点BOX

●エンジンルームでは高温度に耐えるガラス繊維強化グレードが採用されている
●さまざまな部品のプラスチック化がある

エンジンルーム内のプラスチック

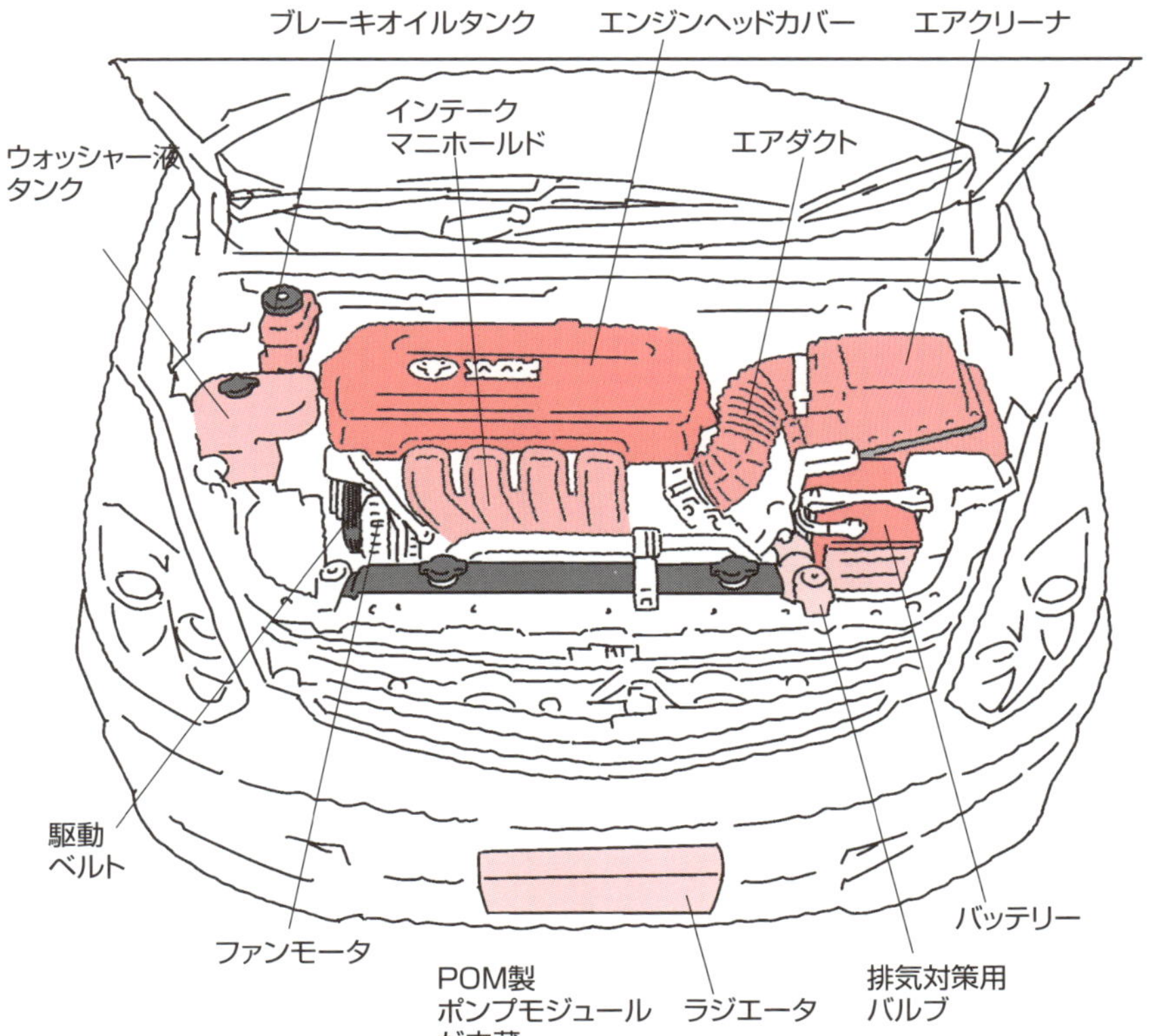

ガソリンタンク

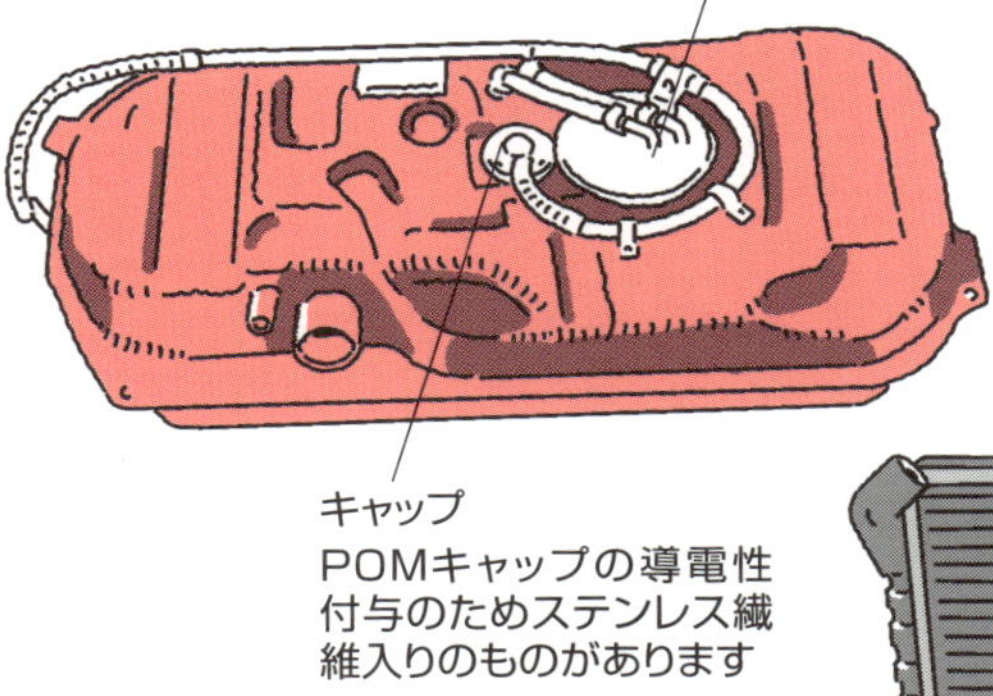

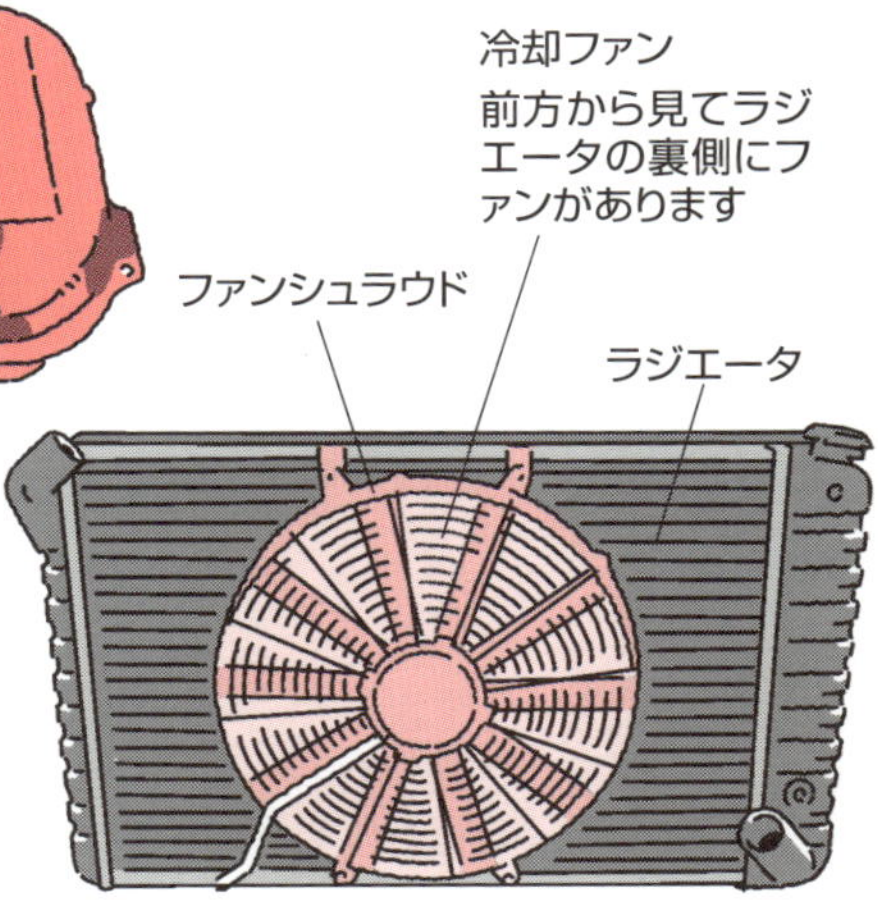

50 自動車運転席

VOCが考慮される樹脂・グレード

運転席前面には、さまざまな計器類がはめ込まれているインストルメントパネル（インパネ）があります。インパネの要求性能には耐熱性・衝突時の安全性・外観品質などがありますが、樹脂グレードが吟味されてのソフトタイプとハードタイプがあります。

窓脇にはピラガーニッシュがあります。コンソールボックスには、シフトレバーユニットが組み込まれますが、金属レバー支持のベースは高剛性が必要なためＰＡガラス繊維強化グレードが使用されます。シフトレバーのハンドルは樹脂ですが、皮巻きのものもあります。インジケーター部分はＰＭＭＡ使用による高級感仕上げですが、車格によっては、ＰＣ／ＡＢＳアロイなどの着色品となっています。ステアリングホイールは金属製の芯をＰＰやポリウレタンなどでインサート成形されていますが、高級車では皮巻きのものがあります。ステアリングホイールの真ん中には、エアバックが装着されており、衝突時のカバー展開性能を考慮しＰＰ特殊グレードによる成形品です。

ステアリングコラムカバーはＡＢＳ樹脂製です。温冷風の吹き出し口もＡＢＳ樹脂などのプラスチックです。ウィンカースイッチ・ライティングスイッチ・ワイパースイッチのレバーハンドルには、ＡＢＳ樹脂やＰＡなどが使用されていますが、これらを集合したコンビネーションスイッチはＰＯＭやGF-PPなどです。ルームミラーの支持枠は樹脂製で、そのステーは走行中の振動防止のために高剛性の樹脂グレードが使用されています。

大形のドアトリムはＰＰや表面を高級感仕上げしたＰＰ製で、窓開閉用スイッチケースなどとモジュール化されています。窓開閉は機械式のレギュレータハンドルが使用されていましたが、今ではほとんどモータ駆動になっています。スイッチカバーには裏から照明されるものがあります。シートベルト機構にはＰＯＭやＰＰの部品が使用されています。インナープルハンドルや樹脂製の各種ハンドルがあります。

要点BOX

- 高級感を出しながらコストダウンが図れるプラスチック部品
- 安全性向上にも役立っている

運転席前方に見えるプラスチック

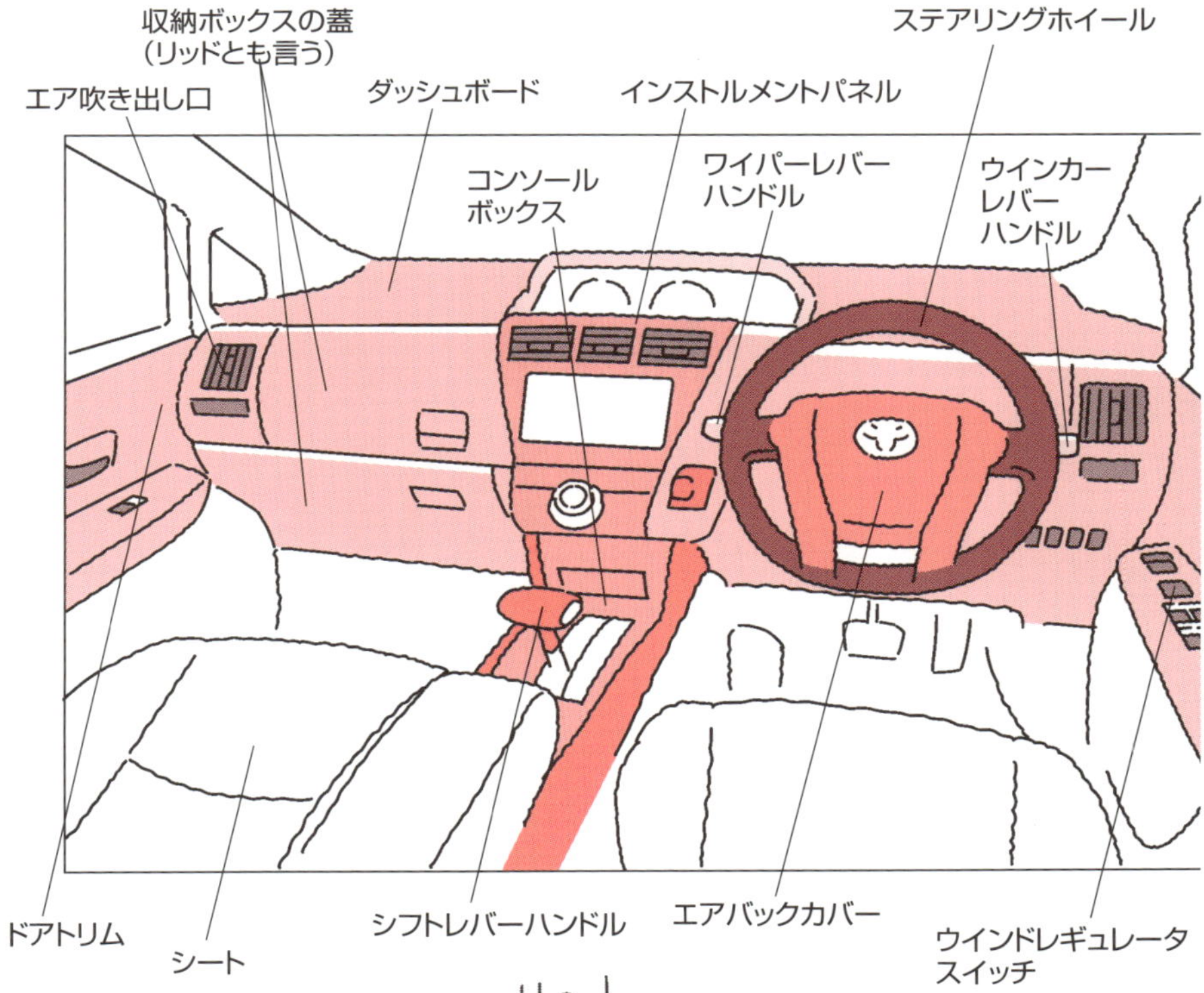

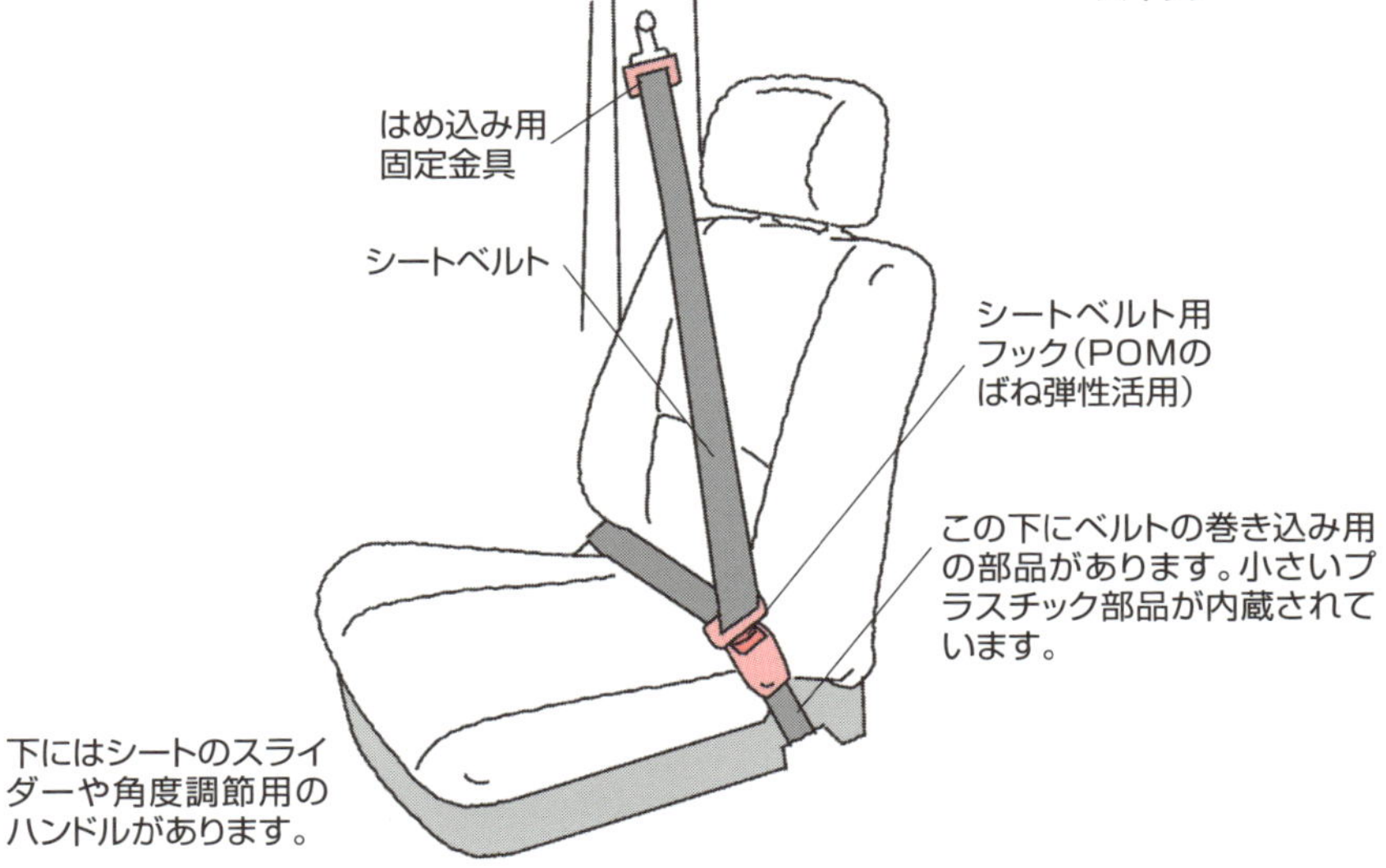

51 大形家電

軽量化に不可欠なプラスチック

洗濯機・冷蔵庫・エアコン・テレビなどの大形家電は樹脂による軽量化が進み、運搬・取り付け作業の向上などにも大きく寄与しています。洗濯機の樹脂化では洗濯槽のPP化があげられますが、大容量洗濯機の登場により、PP洗濯槽は水の重量による変形の問題が出て、大容量機種では薄肉ステンレス槽に変更されています。PP洗濯機の長期間使用による材料劣化の程度を調べ、減少した改質剤の追加とバージン材の配合による性質向上でのマテリアルリサイクルの研究が進んでいます。外装パネルや蓋は耐衝撃性などにより早くからABS樹脂製になりました。

2槽式洗濯機の脱水槽の蓋や全自動洗濯機の蓋は透明性が要求され、PMMAが使用されています。タイマーはギヤによる機械式のものがありますが、デジタル化によりプッシュタイプが主流となっています。水流のために重要なパルセータは初期のフェノール樹脂からPPに代替されています。冷蔵庫の内張りは、オゾン層破壊対策によるフレオン代替の冷媒に対しての耐薬品性なども考慮されてABS樹脂グレードなどのシートでの真空成形品になっています。野菜室のクリスパーは透明なGPPSです。製氷皿は氷の取り出し性や耐寒性などによりPE製です。エアコン室内機のハウジングはABS樹脂やHIPSなどが主流ですが、PPも見られます。フィルターおよびその枠もPPです。送風ファンではAS樹脂などによるシロッコファンタイプのものがあります。室外機の外板も樹脂製です。

小形テレビの筐体には早くからABS樹脂やHIPSなどが使用されていますが、大形化による取り付けボス部などのひけ防止のために、化学発泡剤の使用やガスアシスト射出成形による成形が必要に応じて行われています。衛星放送用のBSアンテナは、銅製ネットがインサートされているFRPや熱可塑性樹脂で、電波の一点集中精度のための精密なデッシュ形状が必要となります。

要点BOX

- ●プラスチックによる軽量化は、運搬・取り付け工事などの作業性向上にも寄与している
- ●大形化や性能・機能向上に伴い材料は転換する

軽量化に寄与するプラスチック

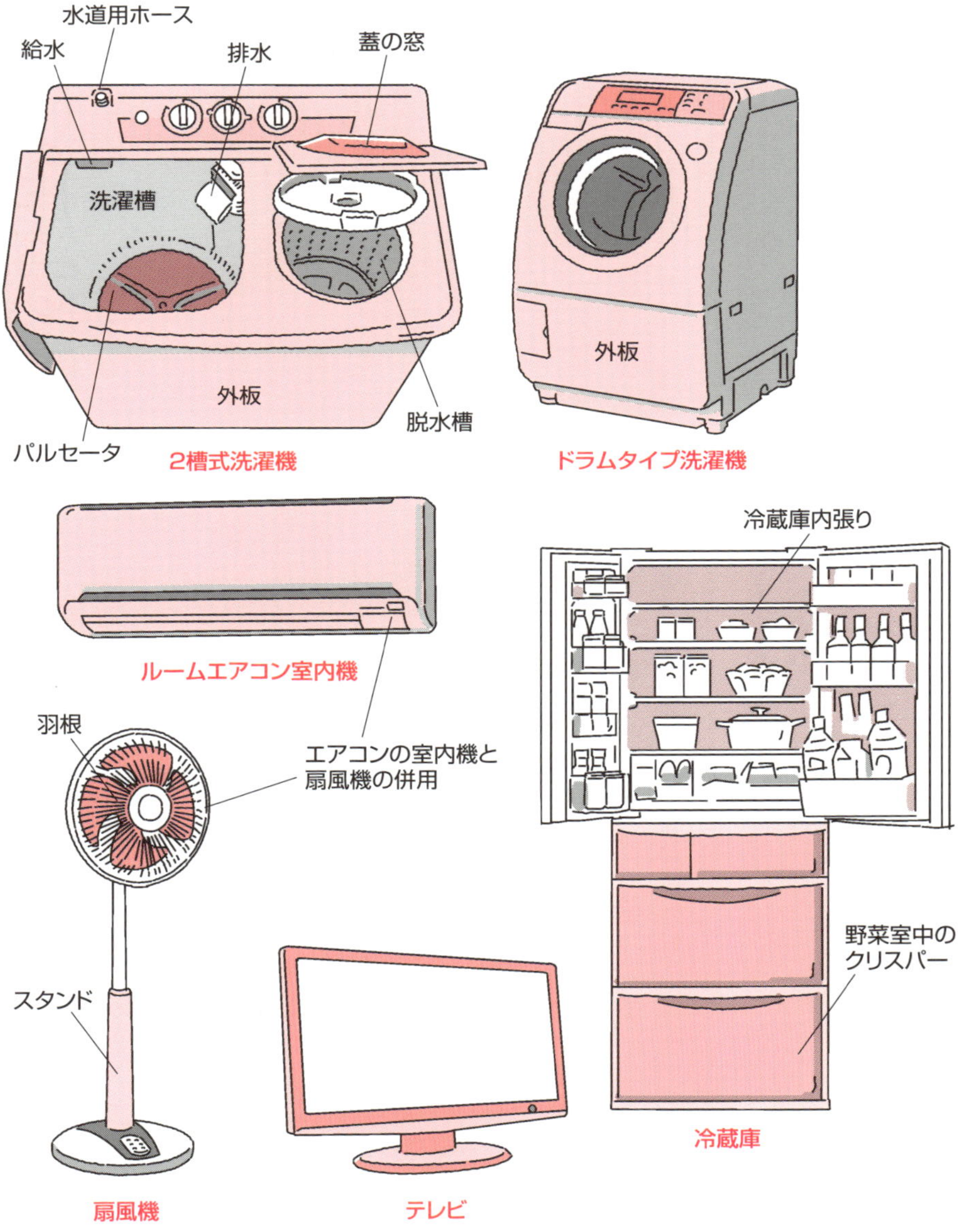

52 小形家電

家事の効率化を支えるプラスチック

エアコンがなかった時代の夏では扇風機は欠かせない家電機器で、羽根は染料着色によるカラフルな透明ＡＳ樹脂製、スタンドは金属製でした。金属代替可能な樹脂としてＰＯＭが米国から輸入されて扇風機部品の樹脂化が検討され、ネックピースともいわれる亜鉛ダイカスト製のモータ支えが最初にＰＯＭ化されました。その後の使用実績を踏まえて、ネックピースもスタンド部分もＡＢＳ樹脂に代替されました。近年ではスタンドのベース部分がさらに板金製になっているものがあり、時代とともに材料の変遷が見られます。

掃除機も重要な小形家電の1つですが、表面光沢性や耐衝撃性が要求性能となる本体ハウジングおよびヘッドはＡＢＳ樹脂製です。ハウジング上面は透明性が要求されてＰＭＭＡの窓がつけられています。電気コードを使用する小形家電では、機器内にプラスチックのコードリールにコードを巻き込めるようになっているものがありますが、そのシャフトは摩擦特性を考慮してＰＯＭが用いられています。また本体と先端とをつなぐ長さが伸縮可能な組立式のパイプは押出成形によるものです。

電気炊飯器は日常生活に不可欠な小形家電で、熱絶縁のための部品に耐熱性・難燃性・剛性が優れたＰＢＴ複合グレードなどが採用されています。電子レンジハンドルや電気アイロンハンドルも熱絶縁性・高剛性が求められＰＢＴやＰＥＴが使われています。熱水保温用のポットにも外装・内筒・ポンプなどで各種プラスチックが使われています。食器洗浄器の窓はＰＭＭＡ、ジューサー・ミキサーは耐熱性・透明性・食品安全性でポリスルホン系樹脂です。電気シェーバは早くから樹脂化され、その刃の台や機構部品はＰＯＭ製で、家庭用バリカンの機構部品もＰＯＭ製です。ヘアブロアーやヘアカーラなどの美容部品は早くに開発されたものですが、電動歯ブラシや空気清浄器など時代を反映するような家電も出てきています。

要点BOX

- ●熱の不良導体・複合材による高剛性化でプラスチック部品が活躍している
- ●目に見えないところの有用なエンプラ製

軽量化とコストダウンに寄与するプラスチック

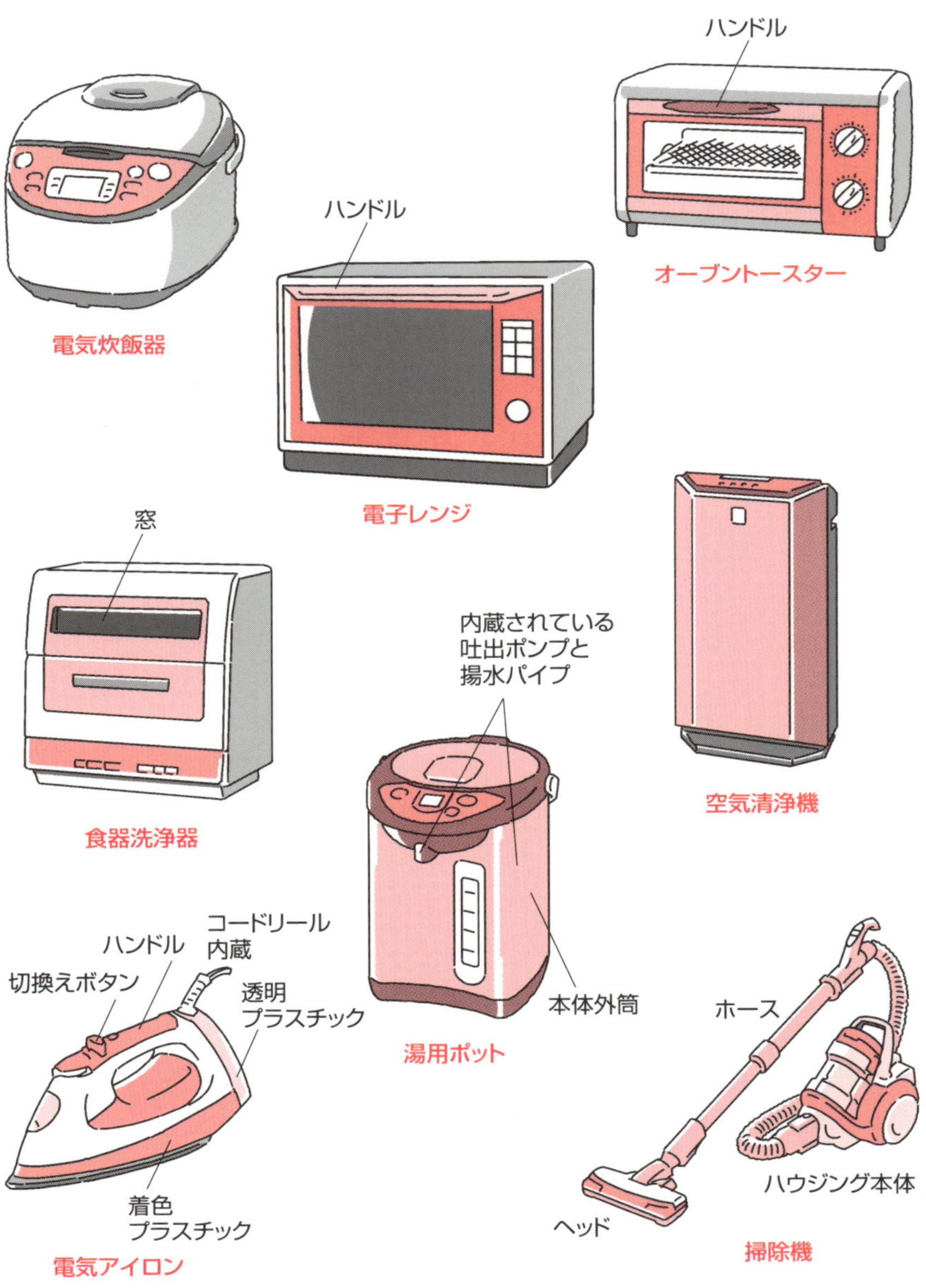

53 事務機器

プラスチックによる多機能化と軽量化の進歩

　複写機・プリンター・ファクシミリなどの事務機器は、デジタル化・ネットワーク化・複合機化が進んでいます。事務機器は駆動部品・光学部品・外装部品・構造部品などから構成されています。駆動部には摺動性のよいPOMやPA製の高精度ギヤや軸受などが使われています。光学部品とはレンズやミラー類のことですが、PMMAやPCのほかに環状ポリオレフィンが用途によって選定されます。光学特性をよくするために、成形ではキャビティ転写をよくするため射出圧縮成形や再溶融成形などが採用されています。高温度になるコピー部には耐熱性の樹脂が必要となり、PBT・耐熱性PA・PPSなどが必要な耐熱レベルに従って選定されます。

　プラスチック化が最も進んでいて使用量が多い外装部品は、マテリアルリサイクルも進んでいます。これはOA機器の更新時に使用済みの機器を回収することができるためです。また環境保全重視の取り組みの一環として、バイオプラスチックの使用が積極的に検討されています。外装部品用の樹脂グレードとしては、衝撃強さ・耐熱性・流動性や難燃剤規制も考慮されて、PC／ABSやPC／PSのアロイが選定されています。構造部品としては、本体構造部品・紙送り構造部品・光学系構造部品・駆動ユニット構造部品などさまざまなものがありますが、高剛性や射出成形での形状維持および寸法安定性がよいことが要件となり、PCやm-PPEなどのガラス繊維および無機充填材による複合グレードが選定されています。

　OA機器の初期の時代には、m-PPEが多く選定され、その需要構成比率ではOA機器向けが40％を越えて第1位でした。近年では他樹脂グレードの使用が多くなっており、材料転換の1つの事例です。また複写性やスキャンニング性の高速化も要求性能の1つですし、カラーコピー機の普及も進んでいます。

要点BOX

- ●外装部品・構造部品にはエンプラの複合グレードが使用される
- ●光学部品は要求性能によっての透明なエンプラ

軽量化や高性能化を支えるプラスチック

コピー機

小形プリンター

複合複写機

ファクシミリ

電話子機

54 情報・通信機器

記録媒体の変遷と多機能化・小形化

情報機器は、記録媒体としてPETフィルムをベースとした磁気テープ使用のテープレコーダから、音声と映像が共に記録可能な磁気テープを使用したVTRへと進化しましたが、その後磁気テープ媒体はPCによるコンパクトディスク（CD）に変わり、さらにデジタル化の進展によりDVDへと高度化しています。情報機器で主要な地位にあったパソコンは、多機能・高付加価値・小形化されたさまざまな小形情報機器にその座を奪われつつあります。

これらの情報機器の隆盛には、プラスチックが寄与していますが、その背景にはテープレコーダおよびVTRの磁気テープ巻き芯のPOM、機器の小形化や携帯型の普及に寄与した耐熱性・耐衝撃性・流動性・難燃性などに優れるPC／ABS樹脂アロイ、VTRの速度切り替えのための高精度POMギヤ、ブラウン管から液晶ディスプレーへの変更などが寄与したことがあげられます。ディスプレーバックライト導光板はPMMA製ですが、蛍光灯のエッジライトでの導光板表面の均一な輝度付与のために工夫が凝らされています。パソコンでは文字の摩耗に強い含浸印刷されたPBT高分子量グレードによるキートップがあります。ノート型パソコンは小形・軽量化のための薄肉化・コンパクト化設計や電磁波シールド性付与のために樹脂グレードの検討が必要ですが、マグネシウム合金によるダイカスト品の採用もあります。

初期の電話器は、黒色のフェノール樹脂ハウジングでPOMのギヤ駆動によるダイヤル式固定電話器でしたが、ABS樹脂製ハウジングに代わり、キーは各種樹脂によるプッシュホンタイプになっています。電話回線は高速化のために光ファイバーが普及し、そのコネクタはセラミックやエンプラ製です。携帯電話が普及していますが、通話だけでなく、メール・情報検索・写真撮影などが付与されての多機能タイプになっています。

要点BOX

- ●磁気テープやフロッピーディスクから光ディスクやUSBメモリへと変遷
- ●固定電話から携帯型情報機器への変化

記録媒体の進化による情報機器の高度化

55 光学機器・レンズ

小形軽量化と高性能化に寄与するプラスチック

カメラでは、ダイカスト金属ボディからガラス繊維を１５％前後添加された強化ＰＣへの材料転換が見られます。この転換が寄与して一眼レフカメラは軽量化に成功しましたが、これらの技術はコンパクトカメラやインスタントカメラなどの開発にも貢献しています。レンズ鏡筒の軽量化も同様です。

写真フィルムは、硝酸繊維素ドープの流延法によるフィルムに感光剤の銀塩を塗布したものから、難燃性の酢酸繊維素によるフィルムベースに変更されましたが、デジタルカメラの普及により、銀塩塗布フィルムは衰退してしまいました。インスタントカメラはその使いやすさなどの点から普及が進み、材料のマテリアルリサイクルおよび部品のリユースシステムが構築され、資源保護や環境汚染対策の優れた実施例として注目を集めています。

カメラレンズは複数枚の不均一な厚みのレンズが組み合わされてできています。レンズの光学的精度はカメラの重要な品質ですので、性能上不均一な厚みとなるレンズの形状精度維持のための精密射出成形技術が開発されています。それらには高い金型温度での射出・保圧と冷却・離型を繰りかえすホットアンドクール法・再溶融法やコアで部分圧縮するマイクロモールド法などがあります。レンズはＰＭＭＡが主流ですが、要求精度や価格によりＰＣおよび環状ポリオレフィンも採用されています。高精度が要求されるプリズムも同様です。

眼鏡レンズも軽量化と共に、視力矯正および乱視矯正などの光学的精度要求に対応するためＰＭＭＡによる成形技術の高度化が図られています。またガラスのレンズに比較して、傷つきやすいプラスチックレンズではその対策として、熱硬化性樹脂による表面コーティングが行われます。紫外線防止が必要なサングラスでも同様です。携帯電話や複写機などにもレンズの用途があります。

要点BOX

- ●一眼レフカメラの軽量化に寄与したガラス繊維入りPC
- ●成形技術の進歩によるレンズの光学特性向上

光学機器の軽量化と高性能化を支えるプラスチック

一眼レフカメラ

コンパクトカメラ

眼鏡

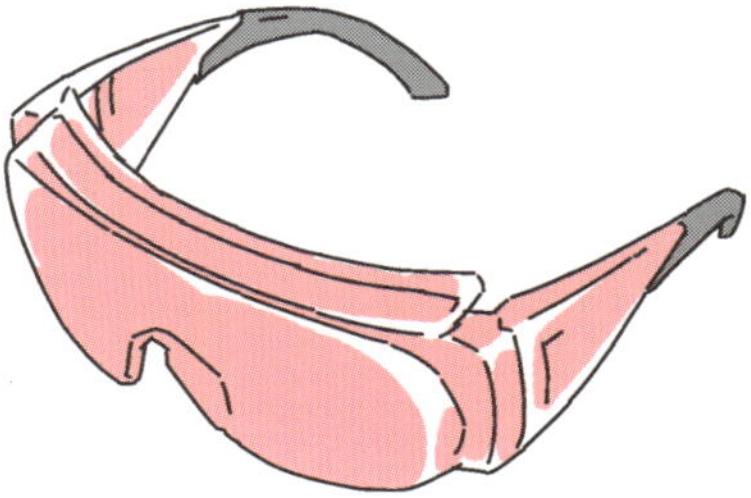

安全ゴーグル

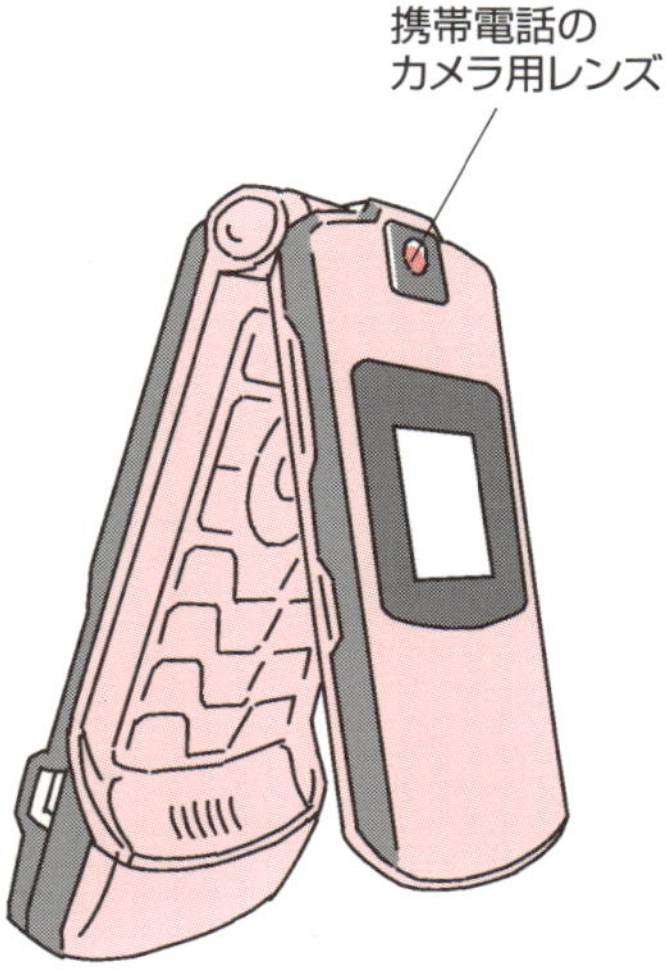

携帯電話

56 住宅・建築

住宅に不可欠のＰＶＣをはじめとするプラスチック

風雨や日光に対する耐久性や金属より軽量であるなどの利点によりＰＶＣ製雨樋が、断熱性や結露防止に優れたＰＶＣの窓サッシが普及しています。ガラス窓や網戸の戸車やカーテンレールのスライダーは摩擦特性と耐荷重変形性からＰＯＭが使われています。エアコンの冷媒管保護のためのプラスチックケースもあります。物置やフェンスには、耐候性や耐衝撃性を活用してＰＶＣやＰＣの波板や平板が使用されています。駐車場の屋根などは耐候性のよいＰＭＭＡが多く使用されていますが、積雪による耐荷重性向上のためのＦＲＰ製もあります。

外壁は耐候性のよい塗料による塗装が一般的でしたが、米国で開発された外壁用塩ビサイディングが主流になっています。土中に埋設されていますが、家屋引き込みの黒色ＰＥ製の上水道パイプおよび地震耐久性が実証されての黄色ガス用ＰＥパイプならびに排水用のＰＶＣパイプもあります。床暖房には耐熱性のよい架橋ＰＥパイプが使用されています。電線用や電話線用のコンジットチューブはＰＶＣ製です。地中に埋設されている水洗トイレの浄化槽はＦＲＰ製です。

内装では、壁や天井および床タイルは軟質ＰＶＣ製です。ユリア樹脂接着剤によるシックハウス症候群問題を契機に、接着剤が変更されました。浴槽は木製からステンレス・琺瑯・プラスチックとさまざまな材質が選定されていますが、プラスチックではＰＰやＦＲＰで、人工大理石模様のＦＲＰ製品もあります。浴室内の洗面器・腰かけ・石鹸箱などはＰＰで成形され、シャワーヘッドにはＡＢＳ樹脂が多く使用されています。洗面所では、洗面化粧台のカウンターや洗濯機を置く防水パンはＦＲＰ製です。水洗トイレの水タンク内の一定量の水計量装置は、銅や銅合金から樹脂製に替わっています。トイレ便座・蓋にはＡＢＳ樹脂が、温水洗浄用のポンプなどの装置にはm-PPEが使用されています。

要点BOX

●住宅・建築分野では不可欠な存在のPVC
●外装や内装に各種プラスチックが使われている

住宅に使用されるさまざまなプラスチック

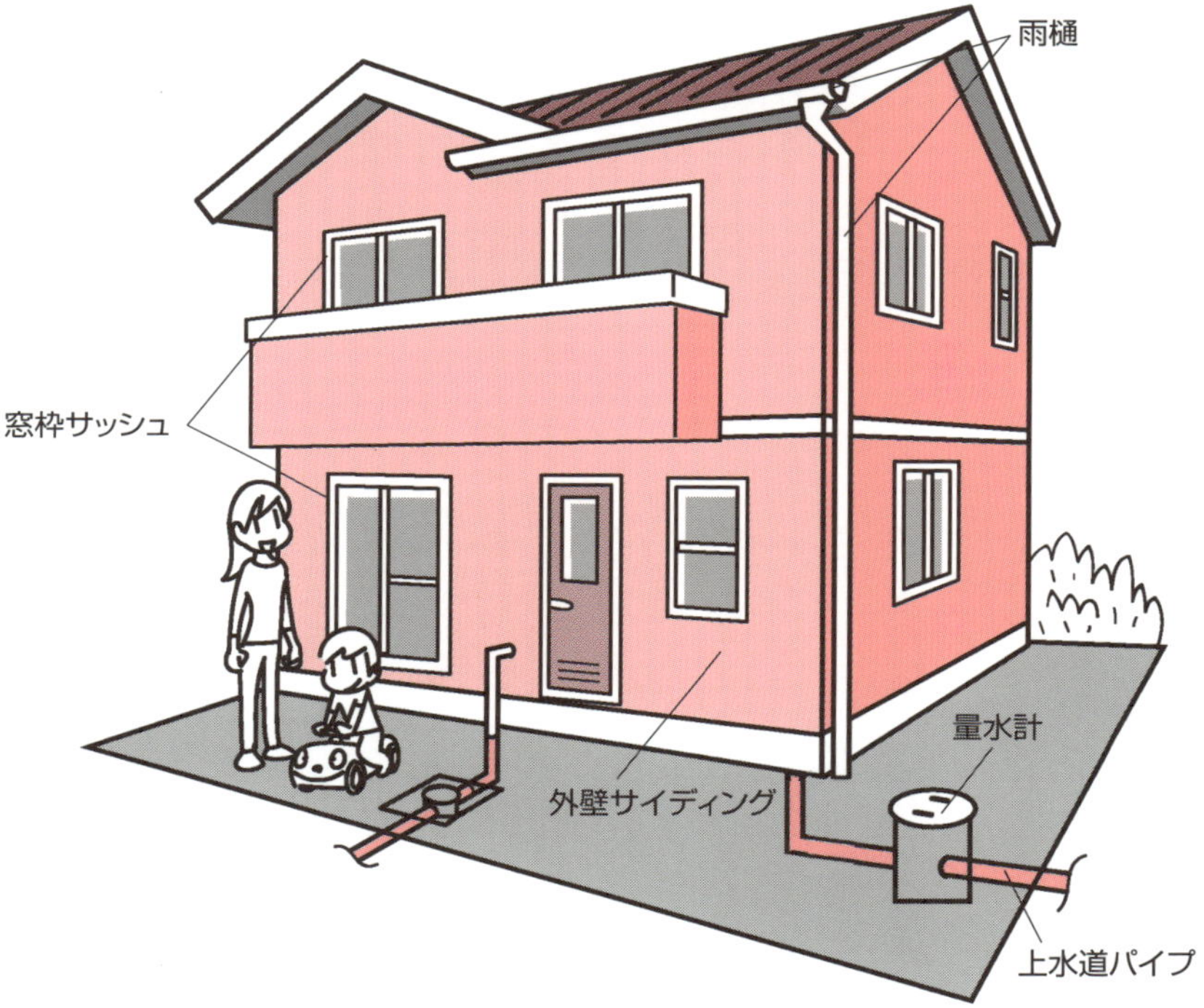

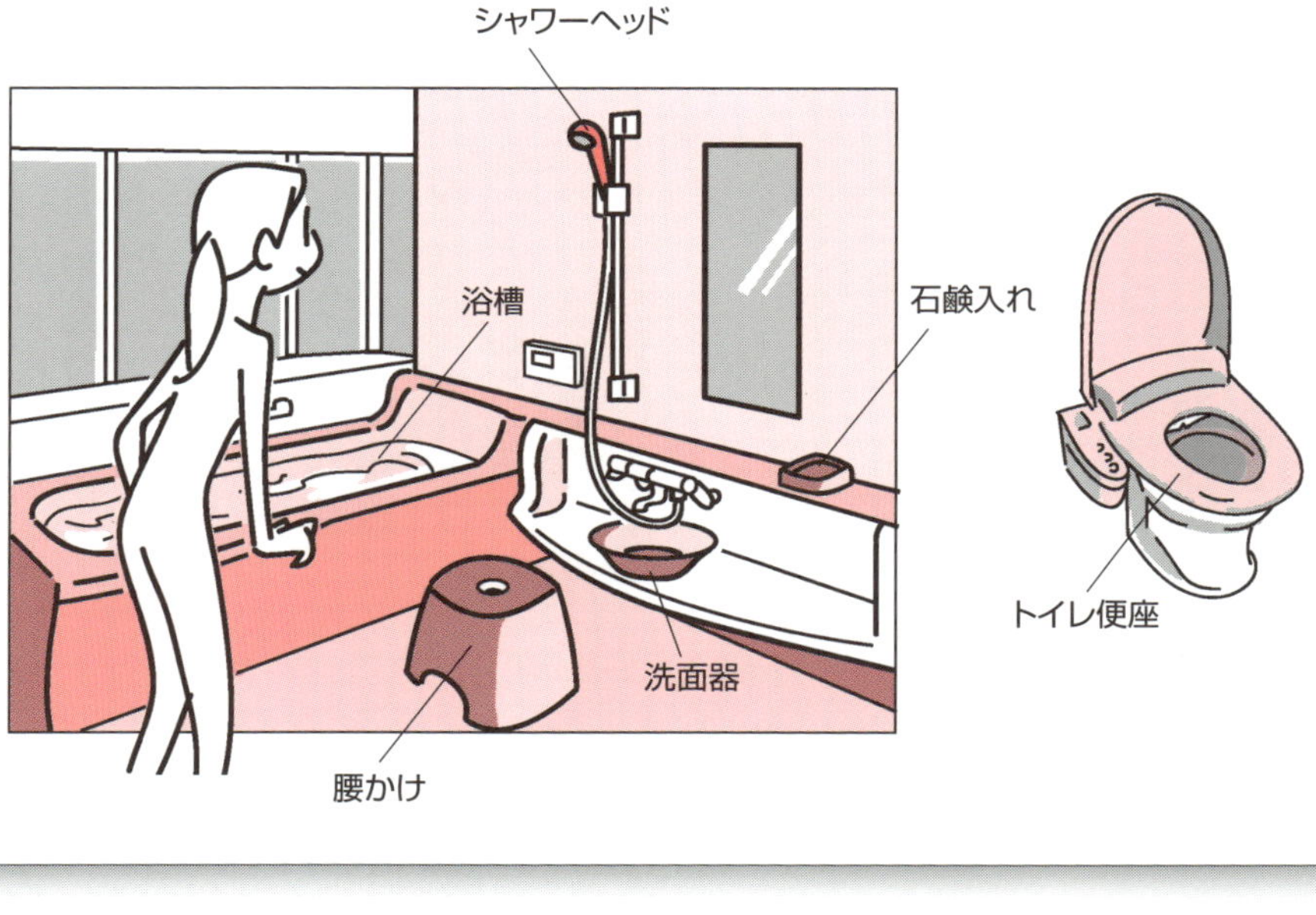

57 容器・包装

バリア性が考慮される包装材の選択

容器・包装には、フィルム包装・押出シート加工による容器・射出成形による容器・ブロー成形による容器があります。フィルム包装は生鮮食品・菓子類・加工食品などの分野にＰＥおよびＰＰを原料とした単体フィルムが多く使用されています。シュリンク包装やラベル用として、ＰＳ・ＰＥＴ・２軸延伸ＰＰ（ＯＰＰ）フィルムが使用されています。ガスバリア性を持つものとしては、ＥＶＯＨやＰＡなどを使用する多層フィルムがありますし、袋形状のレトルトパウチは高いバリア性のためにアルミ箔が使用されています。内容食品のフレーバ保持が要求されるものには、鉄系酸素吸収剤の層を入れてのレトルトパウチが使用されています。

押出成形したシートは真空成形や圧空成形でカップやトレー状の容器に加工されます。単層トレーはポリスチレンペーパ（ＰＳＰ）・ＨＩＰＳ・２軸延伸ＰＳ（ＯＰＳ）が多く、肉・魚・豆腐・青果物などの容器に使用されています。卵パックは再生ＰＥＴシートが使用されています。マーケットでの包装材として押出発泡ＰＳシートの真空成形品が使用されます。フルーツ・ゼリー・味噌などガスバリア性が必要な食品には、ＰＰ・無水マレイン酸ＰＰ・ＥＶＯＨによる多層構成のシートが使用されています。射出成形容器は、ＨＩＰＳ・ＧＰＰＳ・ＰＰで成形され、プリン・ゼリー・マーガリンなどに多く使用されています。

インモールドラベル射出成形による容器もあります。ブロー成形には押出ブローと射出ブローおよび２軸延伸ブローがあります。ＰＥやＰＰの単層押出ブローボトルはシャンプー・洗剤用などの非食品用途に使用されますし、食品用ガスバリア性が付与されているものでは、マヨネーズや香辛料のソフトタイプとサラダ油などのハードタイプがあります。酸素吸収剤を使用しての多層ブロー成形も行われます。ＰＥＴボトルは２軸延伸ブロー成形です。

要点BOX

- 包装用フィルム・容器・ボトルなどに、さまざまな樹脂が使われている
- 再生品も使われ、環境保全に一役買っている

さまざまなプラスチックの容器類

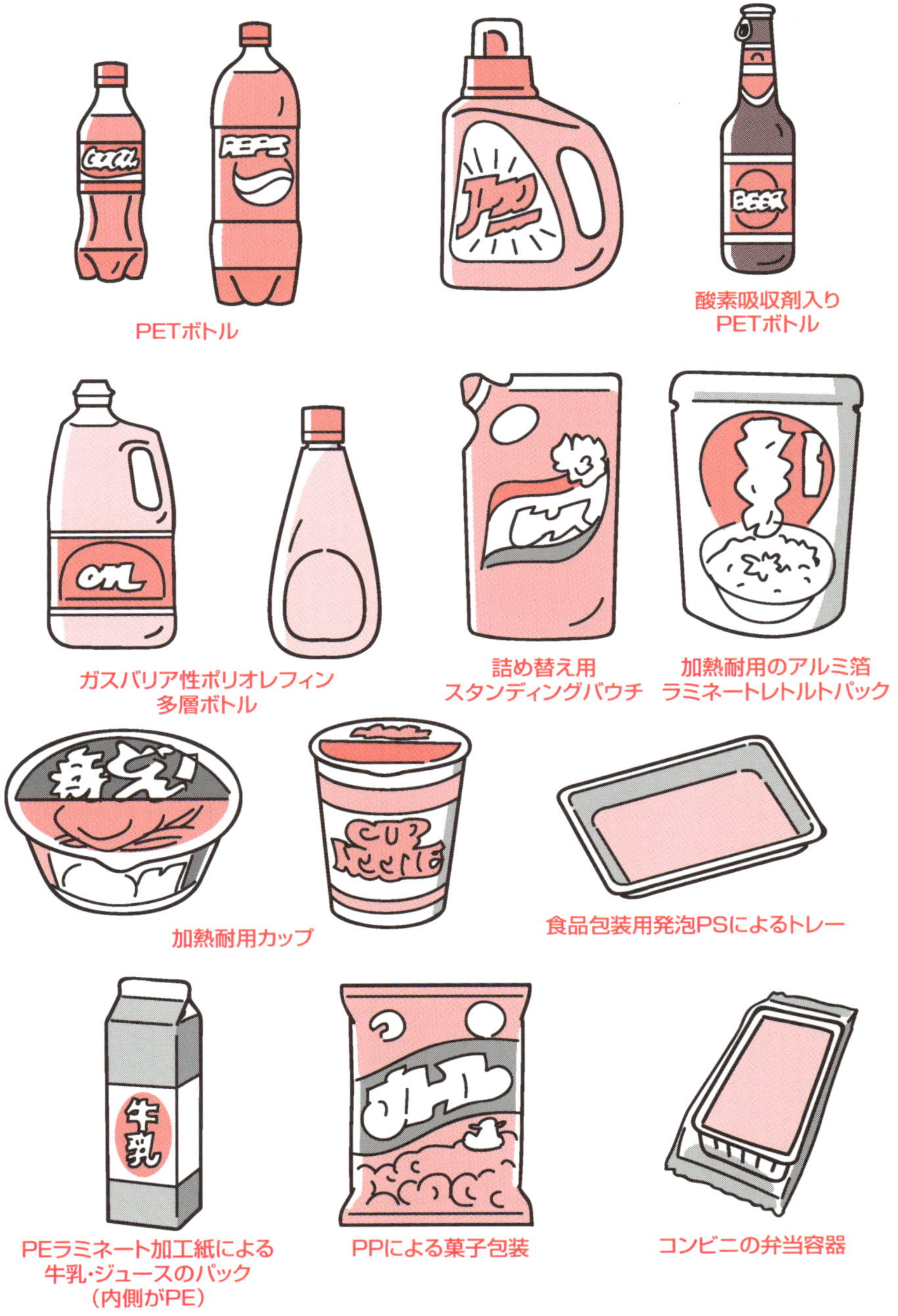
PETボトル
酸素吸収剤入り
PETボトル
ガスバリア性ポリオレフィン
多層ボトル
詰め替え用
スタンディングパウチ
加熱耐用のアルミ箔
ラミネートレトルトパック
加熱耐用カップ
食品包装用発泡PSによるトレー
牛乳
PEラミネート加工紙による
牛乳・ジュースのパック
（内側がPE）
PPによる菓子包装
コンビニの弁当容器

58 スポーツ・レジャー

カーボン繊維強化材および耐衝撃材の有用性

スポーツ・レジャー用品に使用される材料は、木材・金属・皮革・ゴム・合成樹脂・繊維と多様ですが、合成樹脂がスポーツ用品に使用されるのは、軽量・安全性・性能・機能性に優れている点と成形性が評価されてです。軽量で優れた強靭性を持つ竹や金属の代替材料としては、樹脂では高剛性・高強度な繊維状強化材のFRPがあります。FRPには比重2・5前後のガラス繊維と比重1・7前後のカーボン繊維によるものがありますが、軽量化の点では後者のほうが、価格の点では前者が有利です。FRPには長繊維方向に強化されるという力学的性質を利用するものとして、釣り竿・テニスフレーム・ゴルフシャフト・自転車フレーム・スキー板・リュージュ用そり・軟式野球バットなどがあげられます。釣り用品ではPAモノフィラメントによる釣り糸とそのガイドをするセラミックリングをインサート成形した合成樹脂ガイドや海水腐食に強いPBTなどによるフィッシィングリールがあります。

PAのモノフィラメントはテニスガットに使用されていますが、ウエアなどのコイルタイプのファスナー用としても使用されています。バッグなどの強度が必要なファスナーは射出成形されたものです。自転車の減速用の多段構成のPOM製スプロケットはPOM開発初期段階で採用されました。スキー滑走面にはPEシートが貼られています。古くは上面にセルロイド化粧板の上貼りがありました。

スポーツでは怪我防止の防具が不可欠ですが、スポーツの種類によって硬質・軟質と多様化しています。ヘルメットも重要な防具の1つで、形状・材質が検討されますが、耐衝撃性の点から、FRP・PC・ABS樹脂が要求性能によって選定されます。シューズはスポーツの種類によって最適の材質が検討されますが、軽量と柔軟性や耐摩耗性の点で各種エラストマーが選択されます。人工芝や樹脂製インラインスケートのフレームと滑走用ローラもあります。

要点BOX

- 高性能を買われて、カーボン繊維強化材が使われている
- 軽量化と機能を追求するランニングシューズ

高性能・高機能に役立つプラスチック

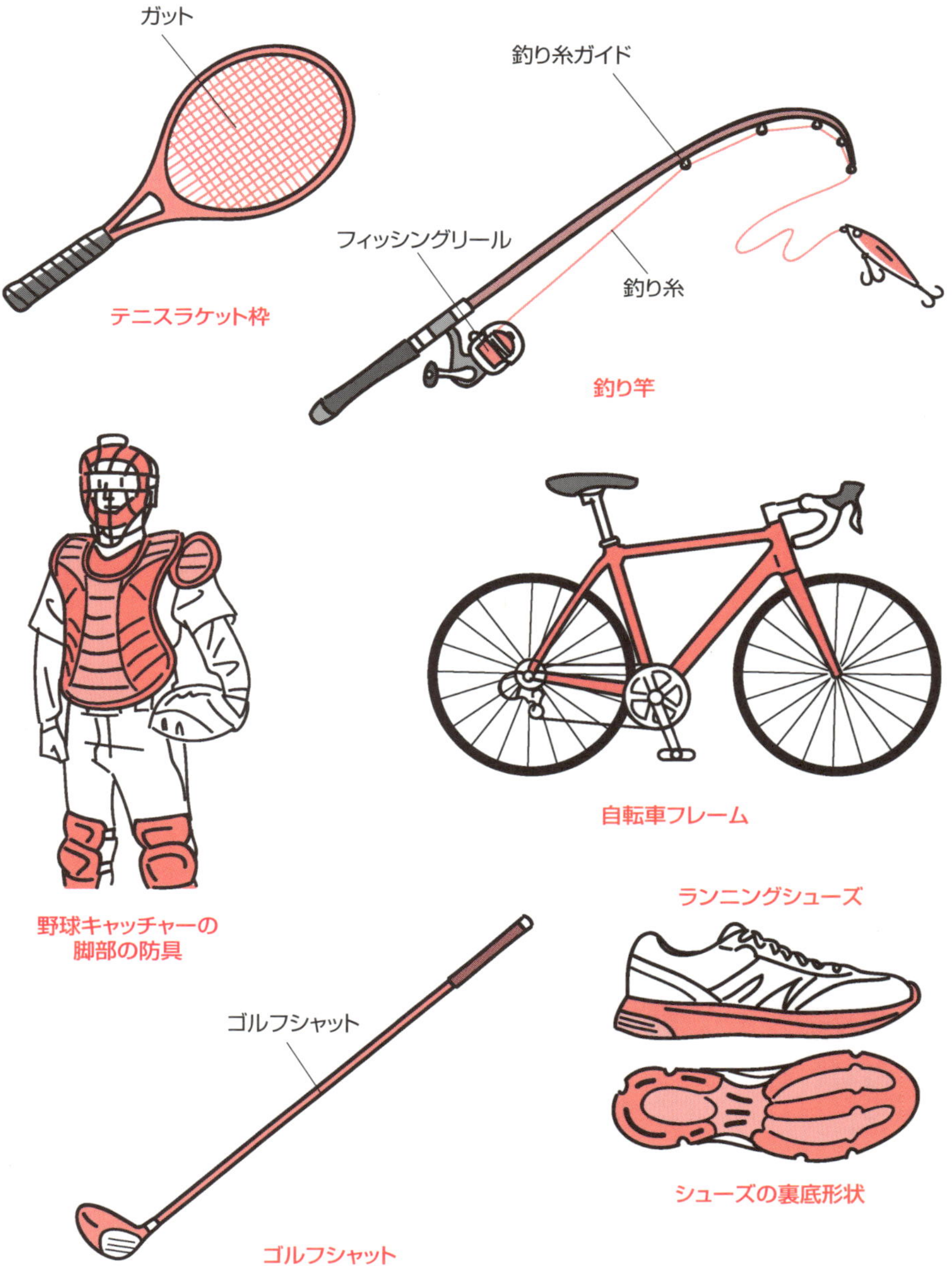

59 文房具・玩具

セルロイドの今昔を象徴する用途分野

文房具で思い出されるものには、今は博物館入りとなっているカラフルな色や多彩な組み立て模様および真珠光沢のセルロイド製の筆箱や下敷きなどがあります。真珠光沢は太刀魚の鱗を精製したものでしたが、今は合成パールに代替されています。サインペンやマーカーペンには各種ありますが、そのペン先にはフェルトペンとPOMの異形押出成形によってインクの流路を形成する硬質チップペンがあります。筆記具にはペン先に特徴がある万年筆やボールペンおよびシャープペンがあり、目的によって使い分けられています。サインペンには水性ペンと油性ペンがありますが、水性インクを使用する水性ペンは、水蒸気のバリア性のよいPPで本体とキャップが成形されています。有機溶剤によるインクが使用される油性ペンでは、有機溶剤を透過するPPは使用できないので、本体はアルミのインパクト缶でキャップは有機溶剤のバリア性のよいPOMなどが使われています。有機溶剤を使用する修正液でも同様です。

POMのばね弾性を利用した文房具としては、スタンパー・簡易印鑑・ボールペンのノック・カッター刃のアジャスター・プラスチック製のホチキスなどがあります。書類分類に使用されるPPなどのクリアファイル・塩化ビニル製の消しゴム・PMMA製の透明な物差し・小形はさみのハンドルなどは身の回りにあってよく使用される文房具です。

昔の玩具はセルロイド製でしたが、燃焼速度が速いことが問題となり、不燃性セルロイドといわれた酢酸繊維素プラスチックを経て、塩化ビニル樹脂に移行した時代がありました。それが可塑剤などによるアレルギー問題から、成形性・着色の自由度・安価で、表面加飾性・接着性がよいなどの二次加工性でPS・ABS樹脂が主流になっています。玩具材料には各種エラストマーやPEおよび玩具の駆動用POM製ギヤもあります。

要点BOX

- ●ペン先に使われる樹脂は、形態や目的によって使い分けられている
- ●玩具はプラモデルから動くものまで幅が広い

文房具のバラエティを支えるプラスチック

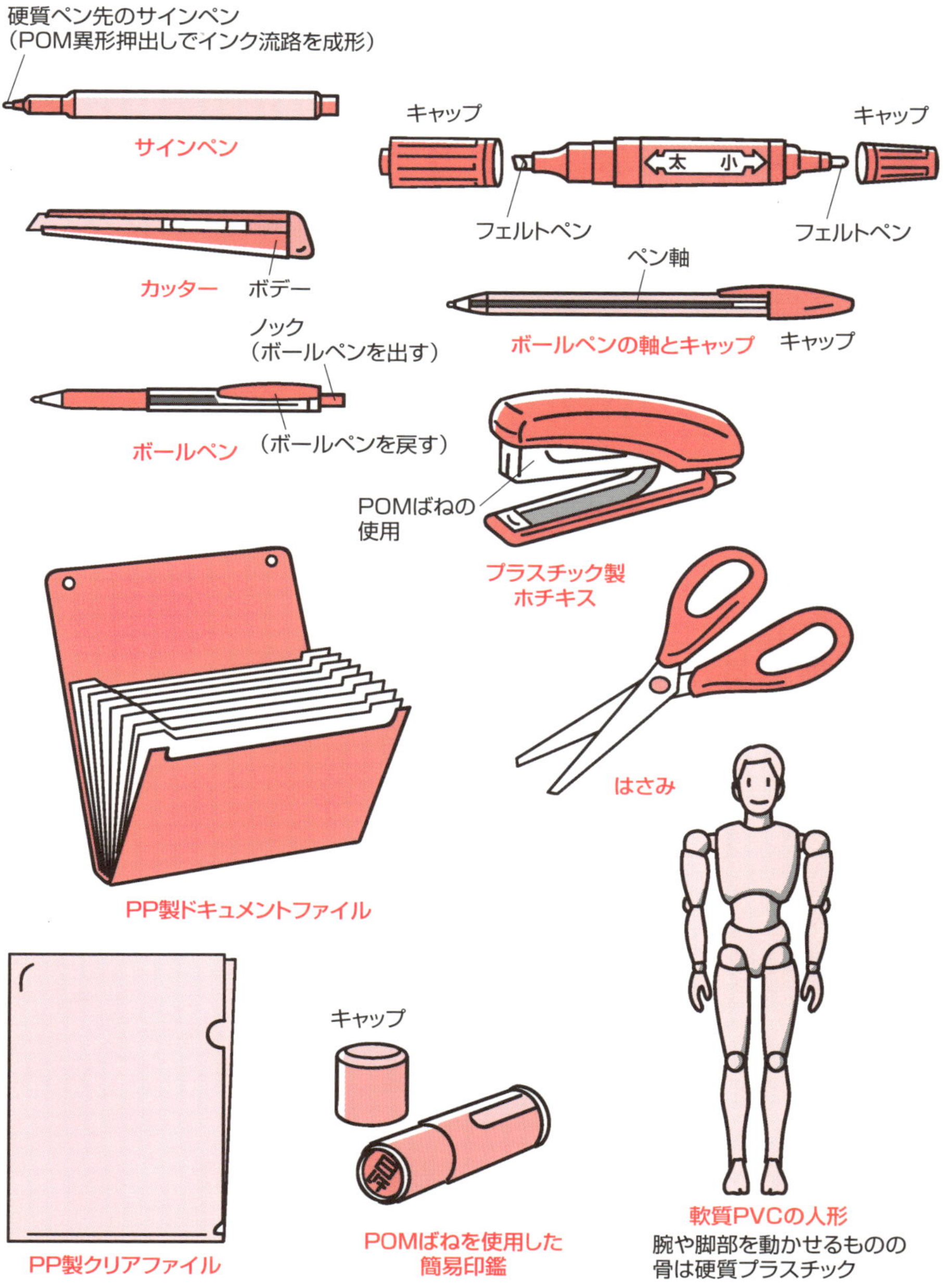
硬質ペン先のサインペン
（POM異形押出しでインク流路を成形）
サインペン
キャップ
キャップ
太
小
フェルトペン
フェルトペン
カッター
ボデー
ペン軸
ボールペンの軸とキャップ
キャップ
ノック
（ボールペンを出す）
ボールペン
（ボールペンを戻す）
POMばねの
使用
プラスチック製
ホチキス
はさみ
PP製ドキュメントファイル
PP製クリアファイル
キャップ
POMばねを使用した
簡易印鑑
軟質PVCの人形
腕や脚部を動かせるものの
骨は硬質プラスチック

60 医療

ディスポーザブル化を支えるプラスチック

医療用具や検査機器は、用途や目的に応じて透明性・耐熱性・耐滅菌性・剛性・柔軟性などの要求性能は異なり、それらに適合するPE・PP・PVC・ABS樹脂・PETなどが選定されていますが、それぞれの要求性能を満足する性能の他に一次成形性・二次成形加工性・軽量化・要求レベルに適合する価格なども考慮の対象になります。また医療機器や感染性医療廃棄物に対する法規制が厳しいので、これらをクリアするための材料選定も樹脂化の1つの要因となっていますが、感染防止や治療での省人化の達成のために、ディスポーザブル化が促進されていることもプラスチック化推進の要因となっているといえます。

プラスチック医療用具は薬事法によって品質基準が定められていますが、主なものとしては血液セット・人工血管・ディスポーザブル注射筒（シリンジ）・点眼用プラスチック容器・輸液用プラスチック容器・視力矯正コンタクトレンズなどがあります。シリンジはディスポーザブル化により、透明性のよいPPランダムコポリマーが、採血管には透明なPET製が使われています。輸液・点滴用ソフトバックやチューブは2-エチルヘキシルフタレートを可塑剤とする軟質PVC製が使用されていましたが、可塑剤問題でバックは低密度PEやPEとEVAのコポリマーに移行しているものがあります。輸液用・点滴用の三方コックやコネクタはPCや高密度PEが、人工肺にはPPの中空糸とPCハウジングが、人工透析ハウジングにもPCが使用されています。

血液検査などのセルは透明な結晶性のPMP、カテーテル・チューブ類は各種エラストマー、試験管や分析プレートは透明なPP製、目薬容器はPARやPE（キャップはPP）が使用されています。生体適合性のある樹脂は医療で重要な役割を担っていますが、心臓のペースメーカ・人工関節・白内障でのレンズ・入れ歯などがあげられます。

要点BOX

- ●プラスチックはディスポーザブル化の促進に寄与している
- ●厳しくなる法規制にプラスチック化で対応

ディスポーザブル化のためのプラスチック

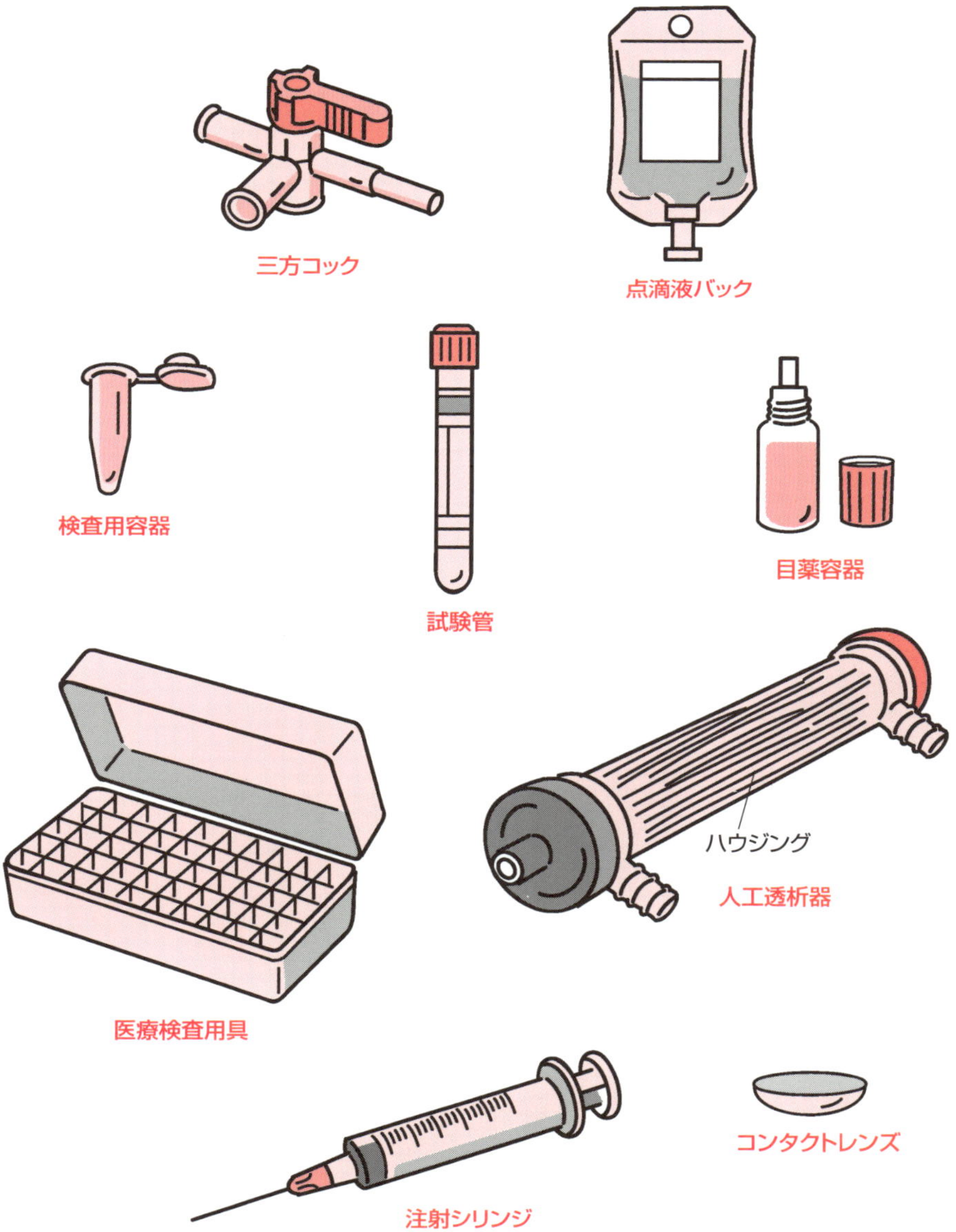

61 航空機

カーボン繊維強化材が軽量化と信頼性を支える

航空機の構造材は天然素材の木や布などから始まりましたが、１９３０年代初期にアルミニウム合金が開発されると、それに取って代わられました。現在、軽量化のためにガラス繊維複合材料が部品の要求性能によっては使用されるようになっています。比強度（強さを比重で除したもの）は金属材料とあまり遜色ないものの、比剛性（剛性率を比重で除した値）は全く比較になりません。このためハニカム構造などを採用して断面係数を大きくする形状にしましたが、２次構造材としての用途に限定されていました。

１９６０年代後半に合成樹脂とカーボン繊維などを強化材にした比剛性の大きいＡＣＭ（Advanced Composite Material）といわれる先端複合材料の開発が進み、軍用機の尾翼などに金属代替の検討が行われるようになりました。尾翼への採用を契機として、70年後半から80年前半にかけて戦闘機の主翼もカーボン繊維による複合材（ＣＦＲＰ）となりました。これらの成功によって航空機の尾翼・主翼に対するＣＲＦＰの信頼性が高まり、燃費改善を目指す民間機でも高靭性エポキシ樹脂を使用したＣＲＦＰで尾翼が開発されました。ＣＲＦＰによるこれらの成功は、民間機の軽量化による燃費改善の切り札として、尾翼・主翼のＣＲＦＰ化が欧米の各航空機製造企業で急速に進み、採用される航空機も大型長距離機にも及ぶようになっています。高水準にある日本のカーボン繊維の技術は、高度な成形技術も併せて世界をリードする位置にあります。高価格のＰＥＥＫやイミド系合成樹脂によるＡＣＭを使用した成形品やフッ素樹脂・ポリイミドなどによる被覆電線および耐熱性や耐油性の優れた油圧系統用部品などが、航空機の信頼性向上のために使用されています。ヘリコプターの軽量化やヘリコプターとして離陸し、飛行機として水平飛行する軍用機にもカーボン繊維強化材を使用した多くの部品があります。

要点BOX

- ●カーボン繊維強化材による航空機の軽量化により燃費改善が進む
- ●世界をリードする日本のCFRP

航空機の軽量化を支えるCRFP

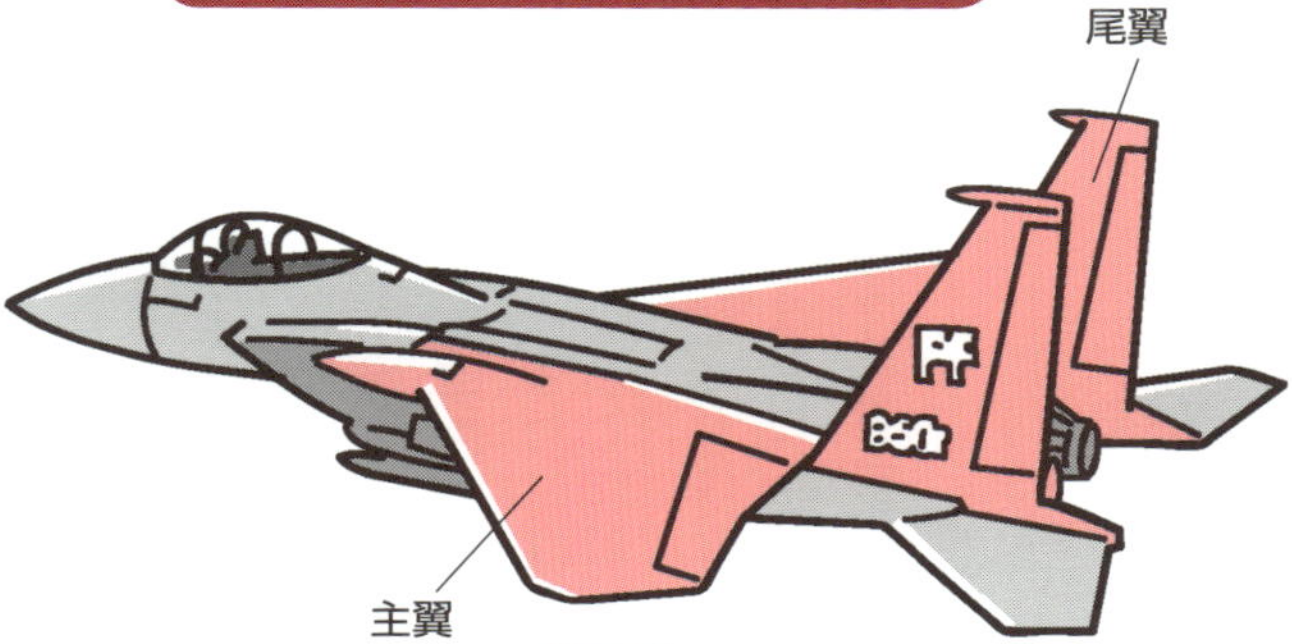

戦闘機

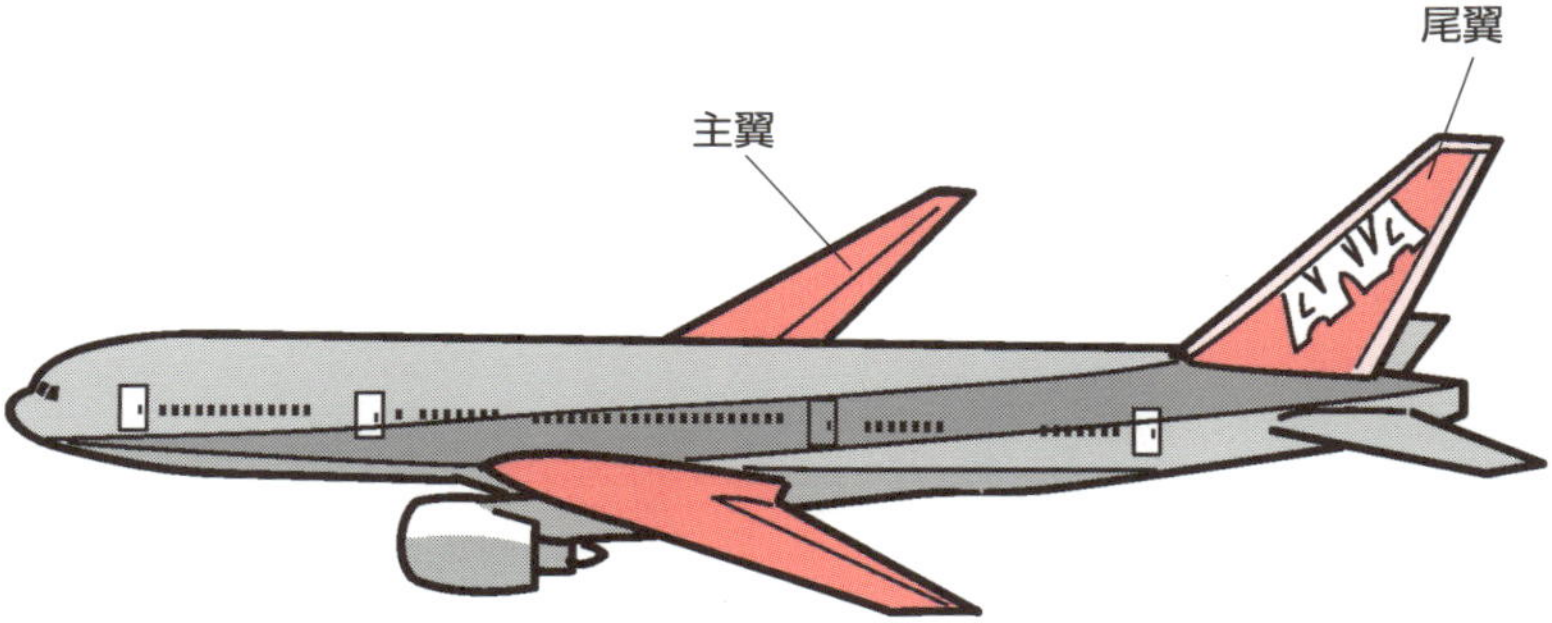

民間航空機

ヘリコプター

62 舟艇・船舶

ガラス繊維強化FRPの有用性

　以前は小型ボートや漁船は木造でしたが、現在はほとんどが不飽和ポリエステルを含浸させたガラス繊維強化材（FRP）になっています。舟艇のFRP化は第2次大戦中の米国海軍の搭載艇に始まるとされています。比強度・比剛性が大きく、含水性がなく、耐腐食性に優れている特性が活用されたものと考えられます。また軍事目的なので非磁性も重要な特性です。民間用の小型舟艇では、力学的性質や耐腐食性に優れているほかに、デザインを重視した場合の形状設計自由度が大きいこともメリットとなります。一方耐腐食性がよいことは、廃棄した場合に腐食しないというデメリットとなり、その対策が苦慮されています。

　手漕ぎボート・モータボート・水上バイク・小型ヨット・釣り舟など需要の多いレジャーに使うボートの建造隻数は相対的に多くなりますが、大型セーリングボートや漁船・軍用艦船などでは建造隻数は限定的なものになります。このため成形は雌型を使用するハンドレーアップ法が主流になっています。ハンドレーアップ成形は船体形状などに形づくられている型内表面に樹脂・充填材・顔料などでつくられているゲルコートをスプレーし、初期硬化させてからガラス繊維マットなどをこの上に置き、硬化剤が添加されている不飽和ポリエステル樹脂をロールなどによってガラス繊維内に含浸・脱泡しながら積層し、その後熱硬化させるものです。不飽和ポリエステルは重合性があるスチレンモノマーに溶解してFRPに使用されるで、VOC指定のスチレンに対する配慮も必要となります。セーリングヨットで帆が受ける風力によりマスト基部にかかる圧縮荷重対策としての構造設計にはハンドレーアップ工法は自由度が大きく有利となります。レース用ボート・カヤック・カヌーでも、ガラス繊維やカーボン繊維が強化材として使用されますが、カヌーにはアラミド繊維強化材を使用したものもあります。

要点BOX

- ●FRPは船艇・船舶に不可欠な材料
- ●FRPの特徴を活かすための各種成形方法

舟艇類はガラス繊維強化FRPが主役

Column

日常生活の中のプラスチック

硝酸繊維素と可塑剤としての樟脳からつくられるセルロイドの筆入れ・下敷きのような文房具から眼鏡枠・櫛・歯ブラシの柄・石鹸入れのような日用雑貨品や玩具などは当時の生活を支えるものでしたし、アカシヤの木に寄生する虫からつくられた樹脂（シェラック）によるレコード盤・牛乳からとれるカゼインとホルマリンとからつくられる高級ボタン材・生ゴムに30～50％の硫黄を加えてつくる万年筆軸用のエボナイトなどはセルロイドとともに当時を偲ぶものですが、次第に忘れさられようとしています。これらに代わって登場したポリスチレン・ポリエチレン・塩化ビニル樹脂の国産化が始まってから70数年が経過し、次々と新しい樹脂が開発され、それらの恩恵を受けながら豊かな生活を送ることができるようになりました。この間、大量消費の生活様式や重厚長大型から軽薄短小型へ移行する世の中の流れに乗って、２度のオイルショックを乗り越えて、樹脂生産量は右肩上がりに成長し１９９７年には過去最高の約１５４０万トンの生産量を記録し、比重換算で鉄鋼に比肩するまでになり、鉄鋼・非鉄金属とともに産業界で必要不可欠の素材に成長しました。

身の回りを見渡すとさまざまなプラスチックに取り囲まれていることが分かります。これらはそれぞれの商品へのマーケットニーズや新しい樹脂・グレードの登場によって変化してきています。自動車は燃費向上による環境対策のための軽量化、洗濯機・エアコン・冷蔵庫・テレビなどの大形家電は軽量化による運搬と施工の効率化、携帯型小形音響機器・情報端末機器やカメラの小形化や軽量化、戸建て家屋の外壁材や雨樋などは耐久性と施工の効率化、体育館などの大型施設のガラス代替による軽量化・航空機ではカーボン繊維強化材による軽量化による燃費向上、ボートなどの小形舟艇ではガラス繊維強化材によるFRPでの耐腐食性、医療ではディスポーザブル化を支えるプラスチック、日常よく眼にするキッチン・バスルームの各種プラスチック製品やバリア性が考慮されて使い分けされている容器包装材料の多様な進化などがあげられます。しかしこれらによって発生した環境汚染や公害病を引き起こした安全性問題を忘れることなく、再発防止に努力すると共に、培われた高度な環境対策技術は世界的規模での貢献に活用されなければならないものです。

第7章

プラスチックの環境・安全問題

63 環境問題

地球規模で対策すべき問題

　戦後の大量生産・大量消費・大量廃棄による樹脂生産量の増大は、経済発展に大きく寄与し、国民生活に繁栄をもたらしましたが、その反面、大量生産・使い捨てという消費形態は、膨大な廃棄物の焼却による大気汚染や埋め立てなどによる各種の環境破壊問題が顕在化しました。それらとしては酸性雨による樹木の枯死・大気汚染による健康被害・各種公害病の発生・河川や湖沼の水質汚濁による魚類の死滅・生態系環境の破壊による野生動物の死滅などがあげられます。これらは国境を越えた地球規模で対処しなければならないので、国際的なさまざまな条約によって規制されています。日本では戦後の公害対策のために公害対策基本法が制定されましたが、「環境の保全についての基本概念を定め、国・地方公共団体・事業者・国民の責務を明らかにして、環境保全に関する施策の基本的な事項を定める」環境基本法に改訂されました。この基本法を受けて、大気・水質・土壌などの分野で環境を守るための法律が制定され、規制が強化されるようになりました。

　樹脂生産量は１９９７年には約１５４０万トンの最高生産量を記録し、比重換算で鉄鋼の生産量に匹敵するまでになりました。そして自動車・家電・ＯＡ機器・建築資材・包装・医療・日用雑貨など、日常生活に密接に関係する製品はもはや樹脂なしではつくれない重要な素材としての地位が確立されています。その反面、生産・使用・廃棄の各段階で環境上および安全上のさまざまな問題に責任を負う立場にもあります。地球環境の問題としては、地球温暖化・大気汚染・水質汚濁・オゾン層破壊・有害物質による汚染などがあり、これらの対策は企業経営上はもちろんのこと、日常生活上でも避けて通れないもので、プラスチックに恩恵を受けている者としては、これらの概要を把握していなければなりません。

要点BOX

●生産活動および日常生活によって、地球の環境はさまざまに汚染されています

地球環境で問題となる要因

地球温暖化 →	CO_2、メタンガス、フロンガス、N_2O
オゾン層破壊 →	フロンガス
酸性雨 →	SOx、NOx、塩酸ガス
海洋汚染 →	工業排水、生活排水、海洋投棄、油流出、不法投棄プラスチック
有害廃棄物などの越境	

環境に関連する法規

大気汚染防止法
水質汚濁防止法
農用地土壌汚染防止法
騒音規制法
工業用水法
悪臭防止法

環境破壊の事例

酸性雨による樹木枯死
大気汚染による各種公害病発生
奇形魚の発見
河川・沼・湖の水質汚濁による魚類の死滅
砂漠化の進行
生態系の破壊による野生動物の種の減少や絶滅
黄砂やPM2.5問題

64 大気汚染と水質汚濁 その1

大気汚染対策の軌跡と国境を越えての共有化

戦後復興の牽引力となった産業の隆盛は、一方で工場の煙突からの煙による大気汚染をはじめ工場排水や一般家庭排水による河川や湖・沼・海域の水質汚濁を引き起こし、それらによる健康被害や公害問題に発展しました。

①酸性雨

モノマーの製造工程では、多量の電気・蒸留のための水蒸気を使用するため、樹脂メーカには発電を兼ねたボイラー設備があります。ボイラーの燃料として化石燃料の重油や微粉状の石炭が使用されますが、燃料中の硫黄からSOxが発生して酸性雨の要因となります。しかし脱硫技術の進歩によりSOxは激減しています。またボイラーの性能や運転条件および自動車排気ガスからはNOxが排出され、廃棄されたPVC成形品の燃焼で発生する塩酸ガスと共に酸性雨の要因となります。ボイラーの性能向上や自動車排気ガス浄化により対策されています。

②地球温暖化ガス

一酸化炭素・二酸化炭素・メタンガスなどが問題となります。COやCO_2はごみ処理の不完全燃焼や自動車排気ガスなどによるもので、その減少は国際公約として、削減に鋭意努力しています。ごみ処理ではごみ発生量の削減や燃焼炉性能の向上、自動車では軽量化による燃費向上・エンジン性能の向上・排気ガスの浄化・ハイブリッド化・電気自動車の普及などが進められています。

③オゾン層破壊

フロン類・トリクロロエタン・四塩化炭素・臭化メチルなどは、オゾン層を破壊して多量の紫外線が地球に照射される原因になるので、健康被害や生態系の破壊に影響があるものとして、オゾン層破壊に関するフロンの使用が全面的に禁止され、代替フロンなどへ切り替えられています。廃棄されたエアコン・冷蔵庫からのフロンの無害化も重要なテーマです。

要点BOX

- 大気汚染の原因となる各種ガスがある
- 大気汚染を引き起こすガスの発生源を知ることは重要

大気汚染の原因となる排気ガスの例

65 大気汚染と水質汚濁 その2

水質汚濁は工場排水と家庭排水が原因

①ダイオキシン

ダイオキシンは、2つのベンゼン環が2つの酸素を仲介して結合した化合物の総称で、この中に水素が塩素に置換されたものに毒性があります。このようなダイオキシンはごみの焼却温度が低く、不完全燃焼させると発生しやすくなりますが、プラスチックではPVCやハロゲン系難燃剤などを低温で燃焼させると有害なダイオキシンが発生して問題となります。

②大気汚染物質

環境基本法に基づく大気の環境基準や大気汚染防止法では、二酸化窒素・二酸化硫黄・一酸化炭素・浮遊粒子物質・光化学オキシダントおよびベンゼン・トリクロロエタンなどの指定物質の規制値が決められており、優先的に対策を取り組まなければならない有機溶剤類も規定されています。浮遊物質には、自動車排気ガス中の物質・風による砂塵・海外からの黄砂やPM2・5など、さまざまな原因によるものがあります。

③水質汚濁

工場から排出される有害物質や家庭からの生活排水による河川・湖・沼・海域の汚染・汚濁を防止するために、水質汚濁防止法で、水素イオン濃度・生物化学的酸素要求量（BOD）・化学的酸素要求量（COD）・浮遊物質・溶存酸素量・大腸菌・全窒素・全燐の排水基準値が決められています。工場排水処理技術は長足の進歩を遂げていますし、家庭排水についても排水処理設備の充実が鋭意行われています。地下水についても公共水域の水質監視項目と指針値が決められています。

④海洋汚染

海洋投棄された食品包装フィルムや容器類、食品や洗剤などのボトル類、浮きやテグスといった釣り用具類などが、魚・海鳥に誤食されるという問題の解決には、地球規模でも国際協力が必要なテーマです。

要点BOX

- ●ダイオキシンはプラスチックを低温で燃やすと発生する
- ●水質汚濁の要因は工場排水と家庭排水がある

VOC規制の契機となったシックハウス症候群

軟質PVC壁紙
軟質PVC床タイル
ベニヤ板壁

→（ユリヤ樹脂接着剤による施工）→ ホルムアルデヒト発生 → シックハウス症候群発病

これを契機として規制

↓

VOC対象13物質とその規制値

ホルムアルデヒド	0.08ppm	テトラデカン	0.04ppm
アセトアルデヒド	0.03ppm	クロロピリホス	0.07ppm
トルエン	0.07ppm	フェノールカルブ	3.82ppm
キシレン	0.20ppm	ダイアジノン	0.02ppm
エチルベンゼン	0.88ppm	フタル酸ジ-nブチル	0.02ppm
スチレン	0.05ppm	フタル酸ジ-2-エチルヘキシル	7.60ppm
パラジクロロベンゼン	0.04ppm		

工場からの排水処理のフローの1例

工場からの排水 → 原水槽 → 薬品投入などによる凝集沈殿槽 → バクテリアなどを使用しての曝気処理槽（生物的処理）

→ 沈殿槽 → 高速沪過槽 → 放流準備池 → 水質検査 → 河川への放流

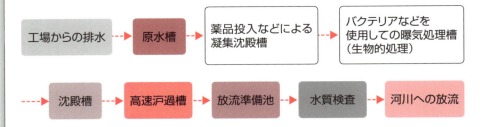

66 安全性の問題

モノマーおよび樹脂添加剤の法規制

①モノマーの安全性

　化学物質が主因となる過去の健康被害や公害の発生に対して、化学物質に何らかの法律上の規制が必要となり、昭和48年に「化学物質審査および製造の規制に関する法律」（化審法）が制定され、2回の改正が行われ現在に至っています。また化学物質の安全性を使用者に周知徹底するための製品安全データシート（MSDS）の制度があります。法規制には、有害化学物質と定義されている特定化学物質の環境への排出量の把握などおよび管理の改善促進に関する法律としてのPRTR法や欧州連合（EU）の化学物質の安全性を評価して、登録・評価・認可に関する法律のREACH規制があります。

②添加剤の安全性

　ポリマーには各種改質剤が添加されていますが、食品が接触する容器・包装材から有害物質が抽出されてはならないので、これらの容器および玩具は食品衛生法に適合しなければなりません。規定条件での抽出液について、フェノール・ホルムアルデヒド・過マンガン酸カリの消費量・鉛・カドミウム・錫・ヒ素・蒸発残渣について判定されます。

③燃焼性

　プラスチックの燃焼によって、人命や財産に被害が発生することを防止するために、樹脂製品の燃焼性について米国のUL規格を参考とする電気用品安全法などの法規があります。

④環境ホルモン

　内分泌撹乱物質に対する疑惑が環境ホルモンという表現で問題視されています。子孫繁栄のために疑問視される化学物質の環境ホルモンへの安全性を検討するために、ExTEND 2005で検討されています。

⑤製造物責任法（PL法）

　事故の原因として製品の欠陥との関係を明示することにより、被害者を救済する法律です。

要点BOX

●化学物質のモノマーおよび改質添加剤の安全性をチェックするさまざまな法規制がある

市民生活の安全性に関わる物質

重金属汚染 → 水銀・カドミウム
固形廃棄物 → アスベスト
ダイオキシン
地下水汚染 → トリクロロエチレン　めっき廃液
環境ホルモン
化学物質製造工場跡地からの汚染物質
建材からのVOC
EU規制物質 → 鉛、水銀、カドミウム、6価クロム、ポリ臭化ビフェニル、ポリ臭化エーテル

略記号の正式名称

PRTR	Pollutant Release and Transfer Register
REACH	Registration、Evaluation、Authorization and Restriction of Chemicals
UL	Underwriters Laboratories
ExTEND	Enhanced Tact on Endocrine Disruption
RoHS	Restriction of the use of certain Hazardous Substances in Electrical and Electronic Equipment

プラスチックの製造および使用に関連する法規

化審法	リサイクル法
食品衛生法	消防法
薬事法	高圧ガス取締法
オゾン層保護法	危険物取締法
電気用品安全法	毒物および劇物取締法
製造物責任法（PL法）	労働安全法
環境基本法	家庭用品品質表示法

67 リサイクル

廃棄物減量化と資源重視のリサイクルの推進

　大量生産・大量消費・使い捨ての消費形態により廃棄物排出量が膨大となり、既存の埋め立て地容量の限界・埋め立て地新設の問題・焼却炉性能の問題・新規焼却炉建設の遅れ・ごみ焼却による大気汚染や土壌汚染・燃焼残渣による水質汚濁および地球温暖化や社会生活への安全性問題が大きく浮上して、廃棄物減量化および資源重視やリサイクルに鋭意取り組まれています。

①リサイクルに関する法体系

　現在のリサイクルに関する法体系は、環境基本法を頂点として、その下に循環型社会形成推進法があり、これに廃棄物処理法と資源有効利用促進法（改正リサイクル法）がついています。この下に個別物品のリサイクルを規制する容器包装・家電・食品・建設・自動車のリサイクル法がついています。廃プラが直接対象となっているのは現在容器包装リサイクル法だけですが、将来家電も自動車も規制対象となることが予想されるので、PP製洗濯槽や自動車バンパーのような大形成形品のリサイクルの検討が進んでいます。

②リサイクルの方法

　リサイクルの方法には3つあります。マテリアルリサイクルはマーケットから回収した使用済みプラスチックを再び何らかの成形品にするもので、樹脂・グレードが明確で異材質とのコンタミネーションがなく、汚れの少ない状態で経済的に採算が取れる数量を集められるかがポイントになりますが、PETボトルからPETボトル成形・インスタントカメラ部品や回収された複写器部品の成形品へのリサイクルがあります。ケミカルリサイクルには、回収したPETのモノマー化・ガス化・油化・高炉還元剤などがあります。サーマルリサイクルは、廃プラの燃焼熱を活用するものです。2020年の廃プラの有効利用率は統計で87%であり、その内訳はマテリアル21%・ケミカル3%・サーマル63%（うち廃棄物発電が31%）です。

要点BOX

- ●素材を大切にする循環活用のためにはリサイクルは重要
- ●廃棄物の有効利用の現状は、熱回収

廃棄物リサイクル法の体系

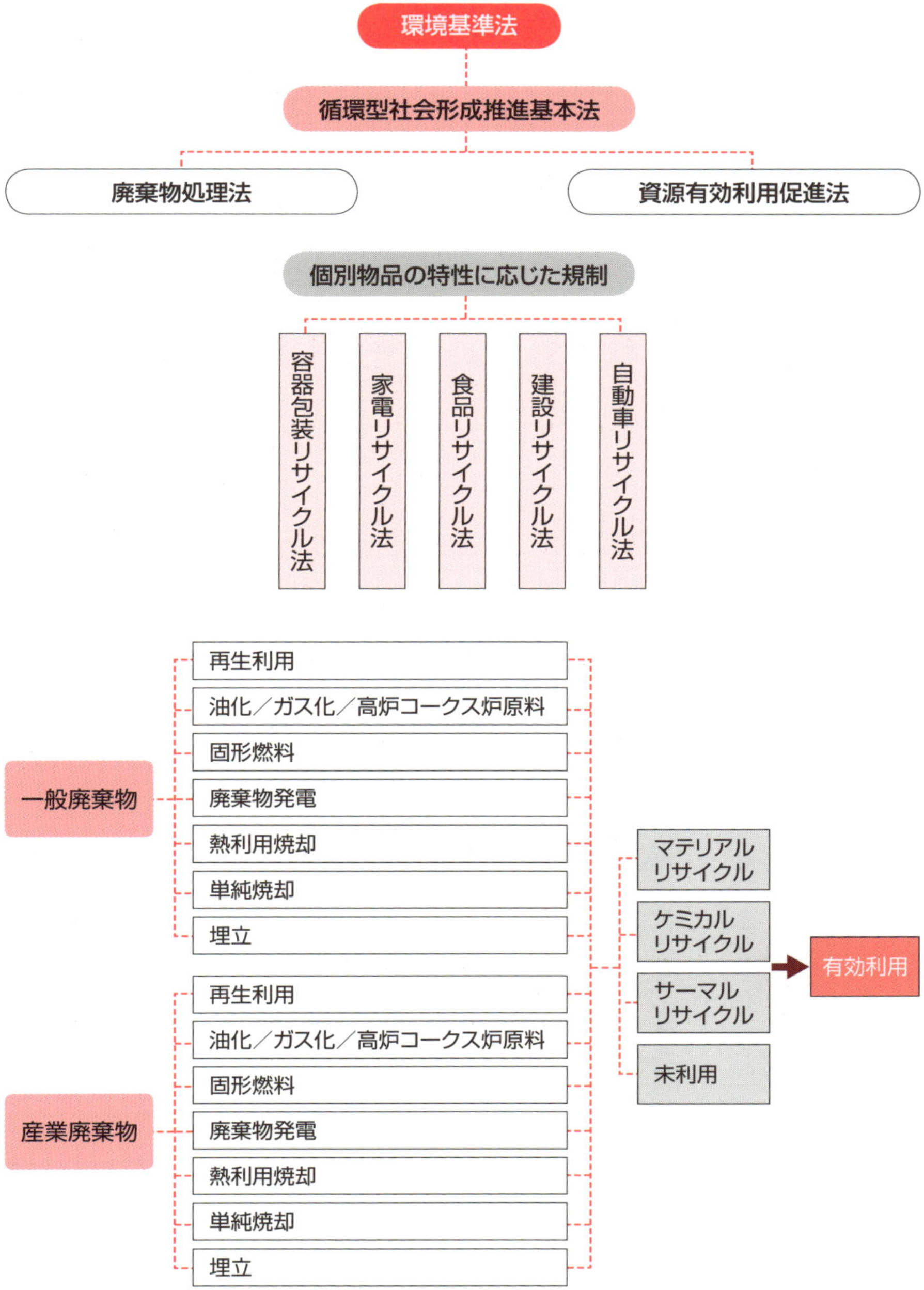

Column

地球規模での対策が必要な環境・安全性問題

　戦争によって荒廃したわが国の復興の牽引力となった産業隆盛による大量生産・大量消費・大量廃棄による経済発展は、一方では大気汚染や河川・湖などの水質汚濁および各種の有害物質が健康被害の要因となり、今もそれらの後遺症を引きずっている公害問題を起こしたことを忘れてはなりません。特に大気汚染は国境を越えての公害問題となりますから、地球規模での対処が不可欠です。

　合成樹脂の製造では多量の電気と蒸留のための水蒸気を使用するので、発電を兼ねたボイラー設備は不可欠の重要な設備です。ボイラーに使用される化石燃料によるSOxおよびボイラーや自動車排気ガスからのNOxはともに酸性雨の原因になり、樹木の枯死や健康阻害の要因となります。また空気中の浮遊微粒子も健康被害を引き起こすので、その基準値が法規で定められています。さらにごみ焼却や自動車排気ガスなどによるCO・CO_2やメタンガスなどによる地球温暖化問題は緊急に対策を講じなければならない環境問題です。フロン類によるオゾン層破壊の問題やごみ焼却などによる有害ダイオキシンも大気汚染の要因です。日本におけるこれらの環境問題解決のための技術は世界をリードできるレベルまでに高度化していますが、現在日本の戦後の経済発展と同様の軌跡を辿っていて、深刻な大気汚染問題を抱えている中国・インドや新興国は、実績のある日本の技術を共有化して対策が急がれなければならないと思います。

　樹脂の原料となる化学物質によって健康被害が発生してはならないので、モノマーのような主原料には化審法があり、安定剤・難燃剤などの改質添加剤などにはそれぞれに法規制されていますし、特定化学物質の環境に対する監視を厳しくする法律も制定されました。欧州では有害化学物質に関する意識が高く、世界に先駆けて厳しく規制されたものがあり、難燃剤に起因するダイオキシン問題はその1つで、ハロゲン系難燃剤規制を厳しくするために環境エコラベル制度が制定されましたが、これは世界的に普及しています。電気・電子部品および自動車部品中の鉛・水銀・カドミウム・6価クロムなどの厳しい法律も制定されました。国別の廃プラスチックの海洋汚染の実態が新聞報道されましたが、これこそ地球規模での対策が必須のテーマです。

【参考文献】

これでわかるプラスチック技術　高野菊雄　技術評論社　2011年7月
プラスチック材料入門　高野菊雄　日刊工業新聞社　2010年3月
プラスチック加工技術ハンドブック　高分子学会編　日刊工業新聞社　1995年6月
プラスチック読本　大阪市立研究所など　プラスチックス・エージ
図解プラスチック用語辞典　牧廣・高野菊雄・三谷景造・田中芳雄編　日刊工業新聞社　1994年11月
月刊プラスチックス　工業調査会　プラスチックはどう使われているか　2002~2009年の各4月号

索引

今日からモノ知りシリーズ
トコトンやさしい
プラスチック材料の本

NDC 578

2015年 3月25日　初版1刷発行
2024年10月25日　初版12刷発行

ⓒ著者　　高野 菊雄
発行者　　井水 治博
発行所　　日刊工業新聞社
　　　　　東京都中央区日本橋小網町14-1
　　　　　(郵便番号103-8548)
　　　　　電話　書籍編集部　03(5644)7490
　　　　　　　　販売・管理部　03(5644)7403
　　　　　FAX　03(5644)7400
　　　　　振替口座　00190-2-186076
　　　　　URL　https://pub.nikkan.co.jp/
　　　　　e-mail　info_shuppan@nikkan.tech
印刷・製本　新日本印刷(株)

●DESIGN STAFF
AD――――――――志岐滋行
表紙イラスト―――――黒崎　玄
本文イラスト―――――輪島正裕
ブック・デザイン ―― 奥田陽子
　　　　　　　　　　(志岐デザイン事務所)

●
落丁・乱丁本はお取り替えいたします。
2015 Printed in Japan
ISBN　978-4-526-07395-3 C3034

●定価はカバーに表示してあります

●著者略歴
高野 菊雄(たかの　きくお)

技術士(化学部門)、中小企業診断士
1949年、大日本セルロイド㈱〔㈱ダイセル〕入社
網干工場、中央研究所、プラスチックサービスセンターなどに勤務
1970年、ポリプラスチックス㈱に移籍。取締役テクニカルサービスセンター所長を経て、1990年に退社
1991年、高野技術士事務所を設立し、現在に至る

主な著書
プラスチック成形技術の要点―「不良ゼロ」のものづくり技術の構築　丸善出版(2011)
トラブルを防ぐプラスチック材料の選び方・使い方　丸善出版(2011)
金型技術者・成形技術者のためのプラスチック材料入門　日刊工業新聞社(2010)
実践的射出成形技術の基本と応用―成形不良ゼロ達成への最短距離　三光出版(2005)
現場の即戦力これでわかるプラスチック成形技術　技術評論社(2011)
わかりやすい実践射出成形(現場のプラスチック成形加工シリーズ)工業調査会(1995)
ポリアセタール樹脂ハンドブック　日刊工業新聞社(1992)
図解プラスチック用語辞典第2版　共著(日刊工業新聞社1994)ほか